启蒙数学文化译丛　丛书主编　汪　宇

Elementary Mathematics
from an Advanced Standpoint

Felix　Klein

高观点下的初等数学

（第二卷）几　何

〔德〕菲利克斯·克莱因　著

舒湘芹　陈义章　杨钦樑　译　　余家荣　审

华东师范大学出版社

图书在版编目（CIP）数据

高观点下的初等数学．第二卷，几何 /（德）菲利克斯·克莱因著；舒湘芹，陈义章，杨钦樑译；余家荣审．— 上海：华东师范大学出版社，2019

ISBN 978-7-5675-9346-6

Ⅰ．①高… Ⅱ．①菲… ②舒… ③陈… ④杨… ⑤余… Ⅲ．①初等数学 Ⅳ．① O12

中国版本图书馆 CIP 数据核字 (2019) 第 130832 号

启蒙数学文化译丛系启蒙编译所旗下品牌
本书版权、文本、宣传等事宜，请联系：qmbys@qq.com

高观点下的初等数学
第二卷：几 何

著 者	（德）菲利克斯·克莱因
译 者	舒湘芹 陈义章 杨钦樑
译 审	余家荣
责任编辑	王 焰（策划）
	龚海燕（组稿）
	王国红（项目）
特约审读	冯承天
责任校对	马 珺
出版发行	华东师范大学出版社
社 址	上海市中山北路3663号 邮编 200062
网 址	www.ecnupress.com.cn
电 话	021-60821666 行政传真 021-62572105
客服电话	021-62865537 门市（邮购）电话 021-62869887
地 址	上海市中山北路3663号华东师范大学校内先锋路口
网 店	http://hdsdcbs.tmall.com
印 刷 者	山东韵杰文化科技有限公司
开 本	890×1240 32开
印 张	8.75
字 数	208千字
版 次	2020年11月第一版
印 次	2022年6月第三次
书 号	ISBN 978-7-5675-9346-6
定 价	198.00元（全三卷）
出 版 人	王 焰

（如发现本版图书有印订质量问题，请寄回本社客服中心调换或电话021-62865537联系）

内容提要

　　菲利克斯·克莱因是 19 世纪末 20 世纪初世界最有影响力的数学学派——哥廷根学派公认的领袖,他不仅是伟大的数学家,也是杰出的数学史家和数学教育家、现代国际数学教育的奠基人,对数学研究和数学教育产生了巨大影响,在数学界享有崇高的声望。

　　本书是具有世界影响的数学教育经典,由克莱因根据自己在哥廷根大学多年为中学数学教师及学生开设的讲座所撰写,书中充满了他对数学的洞见,生动地展示了一流大师的风采,出版后被译成多种文字,影响至今不衰。全书共分三卷——第一卷"算术、代数、分析",第二卷"几何",第三卷"精确数学与近似数学"。

　　克莱因认为函数为数学的"灵魂",应该成为中学数学的"基石",应该把算术、代数和几何方面的内容,通过几何的形式用以函数为中心的观念综合起来;强调要用近代数学的观点来改造传统的中学数学内容,主张加强函数和微积分的教学,改革和充实代数的内容,倡导"高观点下的初等数学"意识。在克莱因看来,一个数学教师的职责是,应使学生了解数学并不是孤立的各门学问,而是一个有机的整体;基础数学的教师应该站在更高的(高等数学)视角来审视、理解初等数学问题,只有观点高了,事物才能显得明了而简单;一个称职的教师应当掌握或了解数学的各种概念、方法及其发展与完善的过程以及数学教育演化的经过。他认为"有关的每一个分支,原则上应看作是数学整体的代表","有许多初等数学的现象只有在非初等的理论结构内才能深刻地理解"。

　　本书对我国数学教育工作者和数学研习者很有启发,用本书译者之一,我国数学家、数学教育家吴大任先生的话来说,"所有对数学有一定了解的人都可以从中获得教益和启发",此书至今读来"仍然感到十分亲切。这是因为,其内容主要是基础数学,其观点蕴含着真理"。

目　录

第 一 版 序

在这些讲义第一卷(算术 代数 分析)的初版序中,我曾怀疑讨论几何学的第二卷能否很快出版。多亏黑林格先生勤奋工作,本卷终于完成了。

关于这一系列讲义成书之缘由,我在第一卷序中已经讲过,没有什么特别的话要补充了。但是对于这本第二卷所采取的新形式,似乎又有必要作一番解释。

确实,这一卷的形式与第一卷太不同了。我曾下定决心,无论如何要对几何学领域作一个综述,把我认为每一个高中数学教师应该具有的知识范围都包括进去。于是,关于几何教学的讨论就被推到每章结尾篇幅所允许的地方,并保持前后连贯。

选择这种新的写作安排的一部分动机是想避免刻板的形式。但是还有更重要、更深一层的理由。几何学中没有与该学科总水平相对应的统一教材,不像在代数和分析方面那样有标准的法国教程。一个内容广的题目往往这里讲一点、那里讲一点,简直像是各个不同的研究工作者分头写的。相反,我追求的教学法目标和一般科研目标却是希望作一个比较统一的处理。

最后我希望《高观点下的初等数学》这两卷相互补充的书,会像我和席马克先生去年出版的《数学教学组织》那本讲义一样,受到教育界的欢迎。

F. 克莱因

1908 年圣诞节于哥廷根

第 三 版 序

　　根据我在第一卷第三版序中讲的这套新版讲义的总计划，本版第二卷的正文及其处理未作修改，只是在细节上作了一些小的改动，并插入一些内容。

　　原著中没有讲到的、涉及科学文献和教学法文献的两个附录，是赛法特先生和我一再讨论后编写的[①]。赛法特先生又担负起了与出版有关的主要工作。黑林格、费尔迈尔及瓦尔特先生帮助他看了校样。费尔迈尔先生编了两个索引。我十分感谢这几位先生，也对施普林格出版公司表示谢意，该公司始终如一地表现了协助出版的精神。

F. 克莱因

1925 年 5 月于哥廷根

[①]　中译本未收此附录。——中译者

英译者序

  克莱因著《高观点下的初等数学》3 卷本第一卷英文译本出版以后，收到了读者的良好反应，所以我们翻译出版了本书，即原著第二卷。纽约大学柯朗教授在执教哥廷根大学时即已建议翻译出版克莱因的著作，他一直提供慷慨的协助，为在美国刊行第二卷铺平了道路。

译　者

前　言

先生们！我现在开始讲的课程是去年冬天课程的继续或补充。我现在的目的像那时一样，是要把你们在大学几年中学过的一切数学知识集中起来，只要对未来的教师有用就搜集起来，特别是要指出它们同中学教学的关系。在去年冬天的那一学期，我已经执行了这个计划，讲了算术、代数和分析。这一学期我将把注意力投到去年放在一边的几何上。在这次讲座中，课程内容是独立于上次课程的知识的。此外，我将在整体上采取有所不同的方式：先讲百科全书式的全面内容，向你们提供通盘的几何知识介绍，你们可以把已经学过的一切零星知识都纳入一个严格的系统，要用的时候就可以拿来用。通盘介绍了之后，我才强调与数学教学有关的内容，而我去年冬天的出发点始终就是数学教学。

我很高兴地要提一下 1908 年复活节假日期间在哥廷根这里所举办的数理教师假期讲座。在那个讲座中，我介绍了去年冬天讲座的内容。与此有关，也由于此地中学贝伦德森（Behrendsen）教授所作的讲话，引起了一场有趣而富有启发性的讨论，涉及中学算术、代数、分析教学的重新组织问题，特别是谈到了把微积分引入中学的问题。参加讨论的人对这些问题表现出了极为令人欣慰的兴趣，并对我们使大学和中学发生紧密接触的努力很感兴趣。我希望这个讲座也会在这个方向发生一定的影响。我们以往不断地听到从中学里传来的，往往是正确的抱怨，说大学教育固然传授了许多专门内容，但新教师以后真正会用到的许多重要的一般内容却没有讲,使新教师完全摸不清方向。但愿我这个讲座能起到一定的作用,帮助消除这种由来已久的抱怨。

现在来讲讲这个讲座的内容。像以前的那个讲座一样,为了强调对整体内容的一般介绍,我不时需要假定你们从已经学过的一切数学知识中掌握了一些重要的定理。不错,我会始终努力作些简短的说明,以促使你们回想起学过的内容,使你们能够轻而易举地摸清文献。另一方面,我要把注意力更多地吸引到几何学科的历史发展以及伟大先驱者的成就上来,不像我在第一卷里通常做的那样。我希望,通过这类讨论,提高我常说的你们的一般数学素养,因为除了专门课程提供的详尽知识以外,还应当抓住主题内容及历史关系。

请允许我最后再泛泛地讲几句话,以免由于把这一部分几何同第一部分算术作了名义的划分而产生误解。尽管作了这种划分,但我在这里像在那种一般的讲座中一样,始终如一地最喜欢用"算术和几何的融合"这个说法来表示我的主张。我的意思是:算术这个领域不仅包含整数理论,而且包括整个代数和分析。德国中学里一般就是如此。某些人,特别是在意大利,喜欢用"融合"这个词,但仅限于指几何方面的努力。其实,无论是在大学里或在中学里,都早已形成惯例,先学平面几何,然后完全与平面几何分开来再学空间几何。因此,空间几何不幸往往遭到轻视,使我们最先具有的卓越的空间感知能力不能得到发展。与此相反,"融合派"希望同时处理平面与空间几何,使我们的思维不至于人为地受到二维的限制。这种努力也得到我的赞同,但我同时想到的是更深入、更广泛的融合。上个学期,我始终努力想使算术、代数及分析的抽象讨论生动活泼起来,利用图示和作图方法使内容更容易为个人所接受,并第一次向学生说明为什么应当对这种讨论发生兴趣。同样,现在一开始就要伴以空间观念,这种空间观念与解析公式一起当然应占首要地位,促进对几何材料的高度精确的概括。

　　下面我将讨论我们的问题,首先考虑一系列简单的几何基本形式,你们就能最容易地理解我讲的意思。

第四部分　最简单的几何形体

第十章　作为相对量的线段、面积与体积

看了本章的标题,你们就会了解,我准备同时考虑在直线、平面和空间里的对应变量。然而,考虑到融合原则,我们直接采用直角坐标系进行分析表述。

设有一线段,设想其位于 x 轴上。如其端点的横坐标为 x_1 和 x_2,则其长度为 x_1-x_2,可以将这个差写成行列式形式

$$(1,2)=x_1-x_2=\frac{1}{1}\begin{vmatrix} x_1 & 1 \\ x_2 & 1 \end{vmatrix}。$$

类似地,由坐标为 (x_1,y_1),(x_2,y_2),(x_3,y_3) 的 3 个点 1,2,3 形成的 x-y 平面上的三角形的面积为

$$(1,2,3)=\frac{1}{1\times 2}\begin{vmatrix} x_1 & y_1 & 1 \\ x_2 & y_2 & 1 \\ x_3 & y_3 & 1 \end{vmatrix}。$$

最后,由坐标为 (x_1,y_1,z_1),$\cdots$,(x_4,y_4,z_4) 的 4 点形成的四面体体积的公式为

$$(1,2,3,4)=\frac{1}{1\times 2\times 3}\begin{vmatrix} x_1 & y_1 & z_1 & 1 \\ x_2 & y_2 & z_2 & 1 \\ x_3 & y_3 & z_3 & 1 \\ x_4 & y_4 & z_4 & 1 \end{vmatrix}。$$

我们通常所说的线段长度或相应情况下的面积与体积,是这几

个量的绝对值,而实际上,我们的公式所提供的,远远不止这些,还给出了依赖于所取各点顺序的一个确定的符号。在几何学中,我们将始终考虑这些解析式所提供的符号,以此作为基本规则,因而必须要问包含在这些行列式内的符号的几何意义。

因此,如何选择直角坐标系,就成了一件重要的事。所以请一开始就建立一个约定,这虽然是任意的,但必须在一切情况下皆有约束力。在一维情形下,我们将认为 x 轴的正向总是指向右方。在平面上,x 轴的正向指向右方,而 y 轴的正向指向上方(图 10.1)。如果使 y 轴朝下,则必有一个本质不同的坐标系,它是前者的反射,如果不进入空间而仅通过在平面内的移动,是不可能使它们相互重合的。最后,通过对平面坐标系加上一个正向指向前方的 z 轴,我们将得到空间坐标系(图 10.2)。选取 x 轴正向指向后方,同样会得到一个本质不同的坐标系,不可能通过在空间内的任何运动而将两个不同的坐标系重合起来。这两个坐标系分别称为"右手系"和"左手系"[1]。

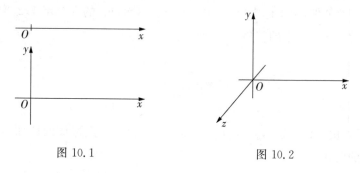

图 10.1   图 10.2

如果遵照这套规定,由数字标出的这些点的顺序的简单几何性质就可以用来解释我们的符号。

---

[1] 这两个系统之区别,是由于相应地对应于右手和左手,开头 3 个手指的位置(见第一卷第一部分第四章 4.2)。

对于线段(1,2),这个性质是显然的:其长度表达式 x_1-x_2 将依赖于点1位于点2的右侧或左侧而成为正的或负的。

就三角形的情形来说,其面积公式将依赖于从点1经点2到点3是按逆时针或按顺时针旋转而成为正的或负的。将首先考虑一个特殊位置的三角形,计算表达其面积的行列式的值,并通过考虑连续性而过渡到一般情形,这样就证明了此结论。我们考虑这样一个三角形,其第一个顶点为 x 轴上的单位点($x_1=1,y_1=0$),第二个顶点为 y 轴上的单位点($x_1=0,y_1=1$),第三个顶点为原点($x_1=0,y_1=0$)。根据关于坐标系的约定,必须沿逆时针方向走过此三角形的边界(图10.3),而关于其面积的公式产生正值

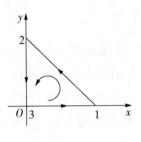

图 10.3

$$\frac{1}{2}\begin{vmatrix} 1 & 0 & 1 \\ 0 & 1 & 1 \\ 0 & 0 & 1 \end{vmatrix}=+\frac{1}{2}。$$

现在,可以通过连续变形,将此三角形的各顶点与任何其他按同方向走过边界的三角形的顶点相重合,而且可以保持三角形的3个顶点在任何时候都不共线。在这个过程中,行列式的值连续变化,且因为只在点1,2,3共线时才化为0,故此值必然始终为正。这就证明,任何一个沿逆时针方向走过边界的三角形的面积是正的。如果变换原三角形的两个顶点,立即可以看出,每一个沿顺时针方向走过边界的三角形的面积是负的。

可以用类似的方法讨论四面体。还是从一个特殊位置的四面体出发。依次选择第一、第二、第三顶点为 x 轴、y 轴和 z 轴上的单位

点,第四顶点为原点。因此其体积为

$$\frac{1}{6}\begin{vmatrix} 1 & 0 & 0 & 1 \\ 0 & 1 & 0 & 1 \\ 0 & 0 & 1 & 1 \\ 0 & 0 & 0 & 1 \end{vmatrix} = +\frac{1}{6}。$$

和前面一样推出,每一个可以从这个四面体连续变形并保持 4 个顶点不共面(行列式始终不为零)而得到的四面体,其体积为正。但可以从顶点 1 看面 (2,3,4) 的转移方向(图 10.4),据此说明所有这一类四面体。用这种方法,我们可得如下结论:如果从顶点 1 去看顶点 2,3,4 是逆时针顺序,则公式算出的

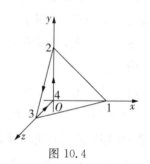

图 10.4

四面体(1,2,3,4)的体积是正的,反之为负。

于是,我们从解析式出发,实际上推导出了一些几何规则,对于以确定顺序给出顶点的任何线段、三角形和四面体,可指定一个确定符号。对比把长度、面积、体积考虑为绝对值的普通初等几何学,这样做有极大的好处。初等几何必须依照图形呈现的情况而区分许多情况,而现在用几个简单的一般定理就可以概括。

请从一条直线,例如 x 轴上的 3 个点分成的各线段之比这个非常简单的例子出发。为以后方便起见,我们把这 3 点记为 1,2,4(图 10.5)。我们看到,所述之比由公式 $S = \dfrac{x_1 - x_2}{x_1 - x_4}$ 给出,且清楚地表明这个商将按点 1 在线段 (2,4) 之外或线段之内而成正值或负值。如果按习惯

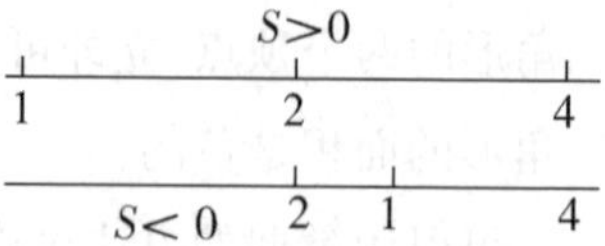

图 10.5

的初等表示法，只给出绝对值 $|S| = \left| \dfrac{x_1 - x_2}{x_1 - x_4} \right|$，那么总得参考图形，或是用文字说明我们所考虑的 x_1 是在线段(2,4)以内或以外，这当然要复杂得多。因此，符号的引入就把直线上各点可能的不同顺序考虑在内了，而这一点，是我在讲课过程中往往必须涉及的。

如果现在加上第四点，就可以建立起 4 点的交比，即

$$D = \frac{x_1 - x_2}{x_1 - x_4} : \frac{x_3 - x_2}{x_3 - x_4} = \frac{(x_1 - x_2)(x_3 - x_4)}{(x_1 - x_4)(x_3 - x_2)}。$$

这个表达式也有一个确定的符号，而且我们立即会看到，当点对 1 和 3 与点对 2 和 4 互相分隔时，$D < 0$(图 10.6)；相反，点 1,3 都在线段 2,4 之内或之外时，$D > 0$(图 10.7)。因此，总是有两种本质不同的排列，产生同样的绝对值 D。如果只给出绝对值，则必须同时指明其排列情况。例如，如果仍按中学的习惯方法，用方程 $D = 1$ 来确定调和点，则必须将两个点对相互分隔的要求包含在定义之内，而按这里的规定我们只要说 $D = -1$ 就够了。这种把符号考虑在内的做法，在射影几何里特别有用。正如你们所知道的，在射影几何里，交比起十分重要的作用。这里有一个熟悉的定理，即若从一个中心将同一直线上的 4 个点射影到另一直线上组成另外 4 点，则前后 4 个点的交比不变。如果现在把交比考虑为受符号影响的相对量，则此定律之逆也无例外地成立：如果位于两条直线上的两个 4 点组成相同的交比，则其中一组可以通过另一组的一次或多次射影而获得。例如，在图 10.8 里，如果用中心 P 和 P'，则点集 1,2,3,4 和 $1'',2'',3'',4''$ 将分别射影成 $1',2',3',4'$。然而，如果只知道 D 的绝对值，则相应的定理不能以这种简单的形式出现，必须对各点的排列做出专门的假设。

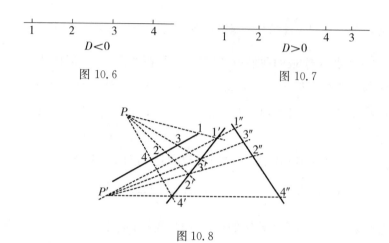

$D<0$

图 10.6

$D>0$

图 10.7

图 10.8

三角形公式的应用,是一个更富有成果的领域。首先在三角形 $(1,2,3)$ 内部任取一点 0,并将其作为顶点之一(图 10.9),则按初等意义下作为绝对值的 3 个小三角形面积之和等于原来三角形的面积,即可写成

$$|(1,2,3)|=|(0,2,3)|+|(0,3,1)|+|(0,1,2)|。$$

图中表明,出现在这个方程中的所有三角形顶点的顺序都是逆时针的,因此,面积 $(1,2,3)$,$(0,2,3)$,$(0,3,1)$,$(0,1,2)$ 在我们的一般定义下都是正的,所以可以把公式写为

$$(1,2,3)=(0,2,3)+(0,3,1)+(0,1,2)。$$

现在我断言,当点 0 在三角形外面,甚至当 0,1,2,3 是平面上的任意 4 点时,这个公式也是成立的。以图 10.10 为例,我们看到边界 $(0,2,3)$ 和 $(0,3,1)$ 是按逆时针方向走过,而 $(0,1,2)$ 则按顺时针方向走过,所以对绝对值面积,我们的公式给出

$$|(1,2,3)|=|(0,2,3)|+|(0,3,1)|-|(0,1,2)|。$$

图 10.10 表明,这个方程是正确的。

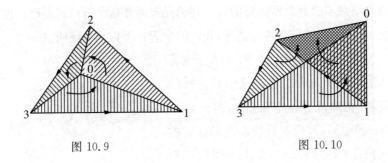

图 10.9   图 10.10

我们将借助解析定义对这个定理给出一个一般的证明。我们会看到，我们的公式是行列式论的一个著名定理。为了方便起见，不妨取 0 为原点 $x=0, y=0$，这显然无碍于一般性，并用合适的行列式来代替 4 个三角形的各个面积。于是，略去各式因子 $\frac{1}{2}$，我们要证明，对任意 $x_1, \cdots, y_3$，下面关系式成立

$$\begin{vmatrix} x_1 & y_1 & 1 \\ x_2 & y_2 & 1 \\ x_3 & y_3 & 1 \end{vmatrix} = \begin{vmatrix} 0 & 0 & 1 \\ x_2 & y_2 & 1 \\ x_3 & y_3 & 1 \end{vmatrix} + \begin{vmatrix} 0 & 0 & 1 \\ x_3 & y_3 & 1 \\ x_1 & y_1 & 1 \end{vmatrix} + \begin{vmatrix} 0 & 0 & 1 \\ x_1 & y_1 & 1 \\ x_2 & y_2 & 1 \end{vmatrix}。$$

如果用 0 代替右边各行列式最后一列的第二行和第三行的 1，则其值不变，因为按第一行展开时，这些元素所进入的子行列式是乘以零的。如果在最后两个行列式内对行作循环变换，这对三阶（事实上对奇阶行列式）是允许的，则可以将方程式写成

$$\begin{vmatrix} x_1 & y_1 & 1 \\ x_2 & y_2 & 1 \\ x_3 & y_3 & 1 \end{vmatrix} = \begin{vmatrix} 0 & 0 & 1 \\ x_2 & y_2 & 0 \\ x_3 & y_3 & 0 \end{vmatrix} + \begin{vmatrix} x_1 & y_1 & 0 \\ 0 & 0 & 1 \\ x_3 & y_3 & 0 \end{vmatrix} + \begin{vmatrix} x_1 & y_1 & 0 \\ x_2 & y_2 & 0 \\ 0 & 0 & 1 \end{vmatrix}。$$

但这是一个恒等式，因为右端只不过是左端最后一列的子行列式，所

以这里只不过是众所周知的按一列的元素展开这个行列式而已。因此,对 4 个点的所有可能情况,我们的定理一举得到了证明。

可以将此公式推广到表达任意多边形的面积。设想在测量中有这样的问题:在测量了各个角点 $1, 2, \cdots, n-1, n$ 的坐标后,确定直线多边形区域的面积(图 10.11)。一个不习惯使用符号法则的人或许会先画出多边形的草图,用对角线把它分成许多三角形,然后对某些凹进去的角作特别考虑,使欲求的面积化为各三角形面积之和或差。

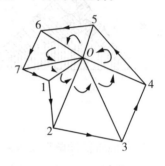

图 10.11

然而,我们可以立即给出一个不需要参看任何图形就能自然而然地得到正确结果的一般公式:设 0 为平面上任一点,例如坐标原点,则沿 $1, 2, \cdots, n$ 绕过其边界的多边形的面积为

$$(1, 2, \cdots, n) = (0, 1, 2) + (0, 2, 3) + \cdots$$
$$+ (0, n-1, n) + (0, n, 1),$$

其中每一个三角形面积所带符号由其环绕的方向确定。本公式得到的面积,依赖于多边形沿 $1, 2, \cdots, n$ 环绕方向是逆时针或顺时针而分别取正值或负值。写出这个公式就够了,你们自己可以容易地给出证明。

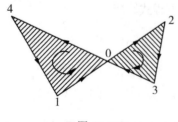

图 10.12

下一步不深入研究这个例子,而去考虑某些特别有趣的情形,这些情形事实上不可能在测量中发现,即其边界相互交叉而成为相交四边形的情形(图 10.12)。这里如果要谈确定的面积,那只能是我们

的公式给出的值。让我们考虑这个值的几何意义。一开始我们已指出,它必须与点 0 的特殊位置无关。让我们把点 0 放在尽可能方便的地方,即放在相交处。于是三角形(0,1,2)和(0,3,4)化为零,而剩下:

$$(1,2,3,4)=(0,2,3)+(0,4,1)。$$

第一个三角形有负面积,第二个有正面积。因此,按(1,2,3,4)方向环绕时,交叉四边形的面积,等于沿逆时针方向走过的部分(0,4,1)的面积扣除沿顺时针方向走过的部分(0,2,3)的面积。

作为第二个例子,请考虑五角星形(图 10.13)。如果把点 0 放到中心部分,则在和式

$$(0,1,2)+(0,2,3)+\cdots+(0,5,1)$$

里所有小三角形都按正方向走过,它们的和包括图形的五角中心部分面积的两倍,5 个尖角部分面积的一倍。如果再考虑环绕此多边形的一个正向循

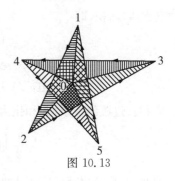

图 10.13

环(1,2,3,4,5,1),我们看到,边界的每部分都沿逆时针走过,特别是,我们环绕计算了双倍面积的多边形部分走过两次,而环绕其余部分仅一次。

从这两个例子,可以推出下面的一般规则:对边可任意相交的任何直线多边形,我们的公式所给出的总面积为由多边形的边所包围的各部分面积的代数和,其中第一部分的面积按沿$(1,2,3,\cdots,n,1)$环绕一次时经过的次数而计算其倍数,正负号则按逆时针或顺时针走过此部分面积而定。你们不难证明这个定理的正确性。

现在从多边形转到具有曲线边界图形的面积。我们将考虑任何封闭曲线,它可以与自己相交任意次数。我们指定一个沿此曲线的

确定方向,并考虑由此曲线所包围的面积。如果通过不断增加边数并缩短边长使折线逼近曲线(图 10.14),用我们刚才说明的方法求出这些多边形的面积并过渡到极限,自然而然就找到其面积。如果

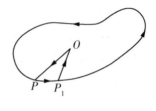

图 10.14

$$P(x,y) \text{ 和 } P_1(x+\mathrm{d}x, y+\mathrm{d}y)$$

是这样一个逼近多边形的两相邻顶点,则其面积为基本三角形 (OPP_1) 面积,即

$$\frac{1}{2} \begin{vmatrix} 0 & 0 & 1 \\ x & y & 1 \\ x+\mathrm{d}x & y+\mathrm{d}y & 1 \end{vmatrix} = \frac{1}{2}(x\mathrm{d}y - y\mathrm{d}x)$$

的和。过渡到极限,此和化为沿此曲线的线积分

$$\frac{1}{2} \int (x\mathrm{d}y - y\mathrm{d}x) \text{。}$$

因此,此积分也就确定了由曲线所包围图形的面积。如果希望解释此定义的几何意义,可将刚才对多边形所得到的结果应用到新的情况:当给定的曲线按指定的方向走过一次时,每一个被曲线包围的部分区域的面积按其沿逆时针方向被包围的次数计算正倍数,而按顺时针方向被包围的次数计算负倍数。对如图 10.14 所示的简单曲线,积分相应地给出由曲线包围区域的取正号的面积。对图 10.15 的情况,外面部分按正号计算一次,里面部分则计算两次。在图 10.16 中,左部是负的而右部是正的,故计算结果为负。在图 10.17 中,一部分根本没有计算,因为它按正向和负向各被包围一次。当然,按这里的意义,可能出现这样的曲线,其包围的面积为零。如果在图 10.16 中使曲线相对其交点对称,就得到这样的曲线。只要记

得我们是按一个方便的假定来确定面积的,这种情况就不足为奇了。

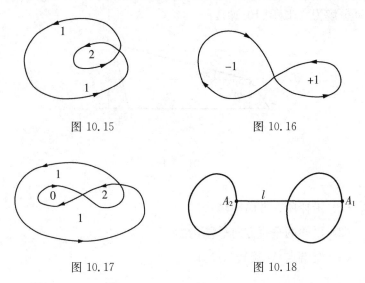

图 10.15　　　　　　　　　　　　图 10.16

图 10.17　　　　　　　　　　　　图 10.18

　　现在我要向你们指出,使用阿姆斯勒(Amsler)极性求积仪,便可知这些定义是多么恰当。这个极精巧而有用的工具是 1854 年由德国技工雅各布·阿姆斯勒(Jacob Amsler)制造的。用这个工具测定的面积,正好是上面讨论中所说的面积。让我们首先考虑这个仪器的理论基础。

　　设想一条长为 l 的棒 A_1A_2(图 10.18)在平面上移动,使得 A_1A_2 画出分离的封闭曲线,而棒本身返回到原来的位置。我们希望求出棒所扫过的面积,把这个面积的若干部分按扫过的方向不同而以正或负计算。为此,我们根据任何积分都所需的极限过程,将棒用一连串任意小的逐次"基本运动",从位置 12 移动到邻近的位置 $1'2'$,以代替棒的连续运动过程。棒所扫过的实际面积,为这些移动所形成的"基本四边形"$(1,1',2',2)$面积的和的极限。很容易看到,对应于 $1,1',2',2$ 的巡回方向,为每个基本四边形面积给出符号,也就把棒

的移动方向适当地考虑进去了。现在,可以把棒 A_1A_2 的每个基本移动分解为 3 步(图 10.19):

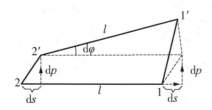

图 10.19

(1) 沿棒所在方向平移 $\mathrm{d}s$。

(2) 沿棒的垂直方向平移 $\mathrm{d}p$。

(3) 绕端点 A_2 旋转角度 $\mathrm{d}\varphi$。

按此方法,要分别扫过面积 $0\cdot\mathrm{d}s,l\cdot\mathrm{d}p,\dfrac{l^2}{2}\mathrm{d}\varphi$。可以用这 3 个面积的和来代替基本四边形的面积,因为这样造成的误差是一个高阶无穷小,过渡到极限(实际上是一个简单的积分过程)则将消失。关键的是注意这个和。如果沿逆时针方向测 $\mathrm{d}\varphi$ 为正,且绕 φ 增加的平移 $\mathrm{d}\varphi$ 为正,则

$$l\cdot\mathrm{d}p+\frac{l^2}{2}\mathrm{d}\varphi$$

与四边形 $(1,1',2',2)$ 的面积符号一致。

沿移动的路径积分,得到 A_1A_2 扫过的面积为

$$J=l\int\mathrm{d}p+\frac{l^2}{2}\int\mathrm{d}\varphi\,。$$

积分 $\int\mathrm{d}\varphi$ 表示棒对于其原来位置所转过的总角度。因为棒回到原来位置,除非做了一个完全的旋转,否则 $\int\mathrm{d}\varphi=0$,于是面积为

$$J = l \int \mathrm{d}p \, . \tag{1}$$

但是,通过适当选择 A_1 和 A_2 的路径,棒在回到原来位置之前,是有可能作一次或多次完全旋转的,于是,$\int \mathrm{d}\varphi$ 是 2π 的倍数。对(1)式右端,相应于正向和反向的一个完全旋转,得加上 $+\pi l^2$ 或 $-\pi l^2$。为简单起见,我们把这个稍微复杂一点的情况放在一边。

现在可以用稍微不同的方法来确定面积 J(图 10.20)。在逐次的基本移动中,设棒依次取得位置 $12,1'2',1''2'',\cdots$,则 J 是这些基本四边形面积之和:

$$J = (1,1',2',2) + (1',1'',2'',2') + (1'',1''',2''',2'') + \cdots .$$

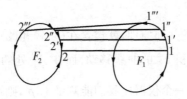

图 10.20

说得精确一点,是代表这个和式极限的积分,而这里所指的每个四边形环绕的方向和前面所说的一样。利用前边的多边形的公式,其中 0 为任意选定的坐标原点,我们有

$$\begin{aligned}
J = &(0,1,1') + (0,1',2') + (0,2',2) + (0,2,1) \\
&+ (0,1',1'') + (0,1'',2'') + (0,2'',2') + (0,2',1') \\
&+ (0,1'',1''') + (0,1''',2''') + (0,2''',2'') + (0,2'',1'') \\
&+ \cdots ,
\end{aligned}$$

其中每一行的第二个三角形与下一行的第四个三角形一样,但环绕的方向相反

$(0,1',2')=-(0,2',1'),(0,1'',2'')=-(0,2'',1''),\cdots$。

所以这些被加项全部抵消。又因为这些基本四边形系列是闭合的，被加项$(0,1,2)$将会出现在最后一行而与第一行的$(0,2,1)$相抵消，于是每一行中只留下第一、第三两个三角形。但按前面讲的，第一个三角形面积之和为多边形$(1,1',1''\cdots)$的面积，过渡到极限，即为棒的端点A_1所画曲线包围的面积F_1。类似地，如果逐项改变符号，第三个三角形面积之和为多边形$(2,2',2'',\cdots)$的面积，过渡到极限，即为A_2所画曲线包围的面积F_2。于是有

$$J=F_1-F_2。 \tag{2}$$

显然，只要注意考虑我们的符号规则来确定F_1和F_2，两曲线可任意地相交。

上述求积仪的几何原理，就包含在(1)式和(2)式里。即：如果使A_2沿一个已知面积F_2的曲线移动，而在A_1处的轨迹点使其沿F_1的边界移动，并有一个仪器使我们能测量$\int \mathrm{d}p$，则可立即求得值

$$F_1=F_2+l\int \mathrm{d}p 。 \tag{2'}$$

阿姆斯勒所造的仪器就是这样的一个装置。他在作为轴的棒A_1A_2上固定一个轮子，随棒的移动而在纸上滚动。这是他的机械发明的第二部分。设轮子半径为ρ，距离A_2为λ(图 10.21)。轮子随棒移动而滚动过的角ψ是各个基本移动中滚过角$\mathrm{d}\psi$的和，每个$\mathrm{d}\psi$可以由 3 个滚动角$\mathrm{d}\psi_1,\mathrm{d}\psi_2,\mathrm{d}\psi_3$组成，每一个滚动角各自对应于前面所分解的 3 个简单移动。在第一步移动中，轮子不转，故$\mathrm{d}\psi_1=0$；在

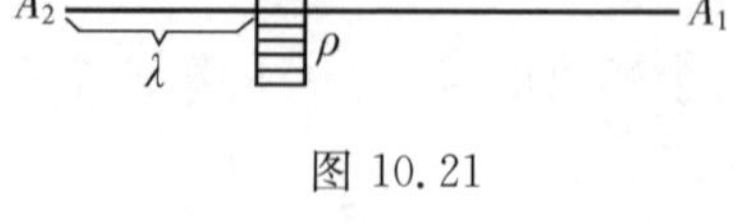

图 10.21

第二步,棒 A_1A_2 沿其垂直方向移动 $\mathrm{d}p$ 时,轮子在纸上转过距离 $\mathrm{d}p=\rho\mathrm{d}\psi_2$,故 $\mathrm{d}\psi_2=\dfrac{\mathrm{d}p}{\rho}$;第三步,棒环绕 A_2 转过角 $\mathrm{d}\phi$,轮缘转过距离 $\lambda\mathrm{d}\phi=\rho\mathrm{d}\psi_3$,故 $\mathrm{d}\psi_3=\dfrac{\lambda}{\rho}\mathrm{d}\phi$。于是有

$$\mathrm{d}\psi=\frac{1}{\rho}\mathrm{d}p+\frac{\lambda}{\rho}\mathrm{d}\phi。$$

如果 A_1A_2 回到原来位置的过程中不作完全旋转,则沿整个移动路径积分之,有:$\displaystyle\int\mathrm{d}\phi=0$。于是,阿姆斯勒轮子的全部转动角将是

$$\psi=\frac{1}{\rho}\int\mathrm{d}p。 \tag{3}$$

但如果棒作了一次或多次旋转,则在右侧将出现 $2\pi\dfrac{\lambda}{\rho}$ 的某个倍数。但我们仍不考虑此种情况。

联合 $(2')$ 式与 (3) 式,最终得到

$$F_1-F_2=l\cdot\rho\cdot\psi,$$

即由轮子转过的角 ψ 可测量出棒的两端所包围面积之差。

在制作此仪器时,使 F_2 为零是可取的。阿姆斯勒用一个聪明的方法把 A_2 附在一个绕固定点 M 转动的臂上(图 10.22)。于是 A_2 只能在臂上沿弧作来回移动而不会包围任何圆面积,如果我们不考虑 A_2 绕 M 作一次或多次完全的转动这个复杂的可能性的话。由于有这个"极点" M,整个仪器常常被称为极性求积仪。这个仪器的实际操作是在 A_1 处装一个标记用铅笔,使其沿希望测量的面积的图形边界移动一周,然后读出轮子转过的角

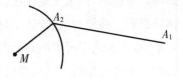

图 10.22

ψ,从而求得被包围的面积为 $F_1 = l \cdot \rho \cdot \psi$。仪器的常数 $l \cdot \rho$ 可以通过测量已知面积例如单位正方形而求得。

这里向你们介绍一个极性求积仪的图形(图 10.23)。当然,你们必须亲自去看一下,如果想完全了解它,最好去用一用。自然,如果要使仪器可靠地运行,制作方式必须比理论讨论中所说的要稍复杂。在这一方面,我还想多说几句。点 M 用一个重物带着,并用一个杆与 A_2 连接起来。我们谈到过的,在理论上有重要意义的棒 $A_1 A_2$,并不是你们在仪器上所看到的第二条金属杆,而是作为轮子轴的理想延长线,它与杆平行,并通过移动的铅笔点 A_1。这个尖点,用一个平行的钝的木钉带着,使点 A_1 不致把纸撕坏。轮子上带有一个可读到好几位数的游标尺和一个记录圈数的计数器。

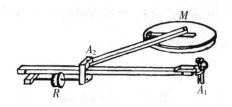

图 10.23

我不再详谈了,只想提出一个一般的警告:为了说明某一理论而考虑这类仪器时,不可忽略它们的实用情况。纯数学家常常容易忽略这一面,正好像只埋头于制作仪器而对理论没有兴趣的机械师走另一极端一样,都是片面的。应用数学应该把两者结合起来。特别是应该考虑到,理论原则在仪器上是绝不能严格实现的,如仪器的连接处总有一些松动,轮子转动时总会有些滑动,画图纸不会是一个均匀平面,且铅笔不可能绝对沿曲线移动。误差多大是严重的,轮子读数的多少是可靠的,等等,当然是实用中的重要问题。研究这些问题是应用数学的领域。

谈到上面讲的图形，我要说一说这些讲座同以前两个题目相似的课程的相对地位。那两个课程同样是油印的，名为《微积分在几何上的应用：原理的修正》①（1901 年夏季学期，C. H. 米勒整理），以及《高等几何导论》②（1892－1893 年冬季学期及 1893 年夏季学期，席林［F. Schilling］整理）。在第一个课程中，我突出了刚刚提到的抽象几何和实用几何之间的区别，实际上已对阿姆斯勒极性求积仪误差之根源进行了集体研讨。但在第二个课程中，我比较彻底地发展了抽象几何的理论，以满足想要以今天的研究精神在这个领域进行独立探讨的专家的需要。在现在这个课程中，我想做第三件事：阐明初等几何理论，即未来的每一名教师无疑都应了解的那些东西，特别是对于物理及力学应用具有基本意义的内容。属于前面提到的前两个领域的内容，在这个课程中只能偶尔提到。

现在回到关于面积与体积的一般考虑上来。我先提一段历史。我想提到第一个在几何学上坚持使用符号原则的人——莱比锡的伟大数学家莫比乌斯。1827 年，他写了一本书，书名为《重心的计算》（Der barycentrische Calcul）③。这是新几何学的一本奠基之作，因下述与重心有关的考虑而得名。设在平面 3 个固定点 O_1, O_2, O_3 上放有质量 m_1, m_2, m_3，它们如同电荷一样，可以是正，也可以是负。于是重心 P 被唯一确定，我们可以通过改变 m_1, m_2, m_3 而使 P 取得平面上的任何位置（图 10.24）。现在，3 个质量被当作 P 的坐标，使得 P 只

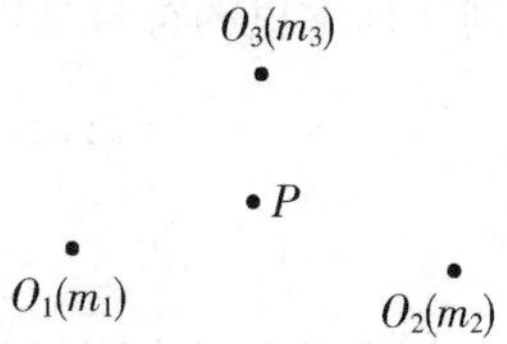

$O_3(m_3)$

· P

$O_1(m_1)$　　　$O_2(m_2)$

图 10.24

---

① 新印本，莱比锡，1907 年。［将于此书本版第三卷出版后不久出版。］

② 分两部分。新印本，莱比锡，1907 年。［原书已售缺，关于新版的计划，见第一卷序言。］

③ 莱比锡，1827 年，或参阅其《全集》，第 1 卷，第 633 页，莱比锡，1885 年。

依赖于这些量之比。这就是把现在所谓三线坐标引入几何的第一个例子。在那本书里,莫比乌斯把符号原则应用于确定三角形的面积和四面体的体积,并给出了我们所述的定义。我还要说及,1858 年,莫比乌斯已是一个老年人了,他又推广了这些结果,成为一个影响深远的新发现,不过这个发现直到 1865 年才以《论多面体体积的确定》①为题第一次发表。在这篇论文里,他证明了存在着不能用任何方法指定其体积的多面体。而如我们早先看到的,以任何复杂的方法相交的平面多边形,其面积皆可确定。

请从前面建立的四面体体积公式

$$(1,2,3,4) = \frac{1}{6} \begin{vmatrix} x_1 & y_1 & z_1 & 1 \\ x_2 & y_2 & z_2 & 1 \\ x_3 & y_3 & z_3 & 1 \\ x_4 & y_4 & z_4 & 1 \end{vmatrix}$$

出发。如果按最后一列代数余子式展开这个行列式,其结果和早先在三角形的情形下所看到的一样,使一个四面体分解为 4 个四面体,它们以原点为公共顶点,而以原四面体的各个面为各自的底。按行列式理论里的符号规则,如果取循环次序为 1,2,3,4,则得公式

$$(1,2,3,4) = (0,2,3,4) - (0,3,4,1)$$
$$+ (0,4,1,2) - (0,1,2,3)。$$

在三角形中只出现加号而这里却出现减号的理由,是在循环交换的情况下,偶阶行列式改变符号而奇阶行列式不变。当然通过适当交

---

① *Berichte über die Verhandlungen der Königlich Sächsischen Gesellschaft der Wissenschaften*(Mathematisch-physikalische Klasse),第 17 卷(1865 年),第 31 页,或其《全集》,第 2 卷,第 473 页,莱比锡,1886 年。

换行数,可以避免减号,但这样就必须放弃循环次序。例如可写成

$$(1,2,3,4)=(0,2,3,4)+(0,4,3,1)$$
$$+(0,4,1,2)+(0,2,1,3)。$$

为了理解这里出现的规律,设想四面体的
各面由纸做成,并折平放在平面(2,3,4)
上,顶点 1 则占 3 个不同位置(图 10.25)。
于是,在最后一个公式中,3 个面中每一
个面的 3 个顶点,如图所示,对应于逆时
针方向绕所有三角形环行。

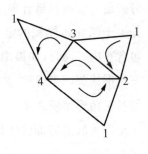

图 10.25

　　当然,不把各个面折平,对这个图形
也能得到同样的结果。6 条棱边中每一
条棱边对应于两个面,显然,当沿所有三角形按所示的顺序环行时,
每条边沿相反方向各经历一次。按莫比乌斯所谓的这种棱边规律,
显然只要对一个面三角形任意选定一个环行方向,则所有面三角形
均有确定的环行方向。现在公式为:一个四面体(1,2,3,4)可以看作
是 4 个具有公共顶点的四面体之和,只要对一个三角形(2,3,4)选定
环行方向之后,按莫比乌斯棱边规律来选择其他面的环行方向。

　　和前面把多边形分解为三角形并推广三角形公式,以确定任意
多边形的面积公式一样,现在,我将设法通过刚才得到的结果以确定
一个任意多面体的体积。然而,在现在的情况下,不仅应允许多面体
各多边形面的边与其他边相交,还必须允许各个面以任意方式相截。
现在选择一个任意辅助点 O。作为第一步,确定以 O 为顶点、以多
面体各多边形面之一为底面的棱锥的体积。

　　为此,首先对底选好方向(图 10.26),假设取多面体的面为(1,
2,3,4,5,6)。按前面方法,这个多边形有确定的面积,令棱锥的体积

像在初等几何中那样等于 $\frac{1}{3}$ 的底乘高，

并从点 O 看 $(1,2,3,4,5,6)$ 的环行方向
是逆时针方向或顺时针方向而加上正
号或负号。很容易看到，这个定义把原
先关于四面体体积的定义作为特例而
包含在内。而且，如果用组成多边形的
三角形代替该多边形，并按其环行方向

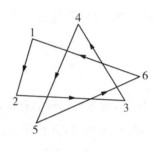

图 10.26

使各三角形面积之和为多边形面积。然后定义棱锥的体积为以这些
三角形为底的四面体体积之和，则又可以从四面体体积这个特例推
出本定义。

　　为了在一般的意义上把多面体表示为各部分四面体之和，必须
对其每一个面指定一个确定的环行方向，且必须遵循前面所说的棱
边规律来做这种选择：对一个面任选一个环行方向，然后在保持两个
相邻面的公共边沿相反方向各环行一次的情况下指定环行方向。如
果整个多面体的面都可以这样环行而无矛盾的话，则多面体的体积
可确定为：以任一点 O 为公共顶点，以按指定方向环行的多面体的
面作为底的各多棱锥体体积之和。不难看到，这个定义是唯一的，且
与点 O 的位置无关。

　　但十分值得注意的是，这个棱边规律并非适用于每一个封闭多
面体的面而无矛盾，即存在着无法指定环行方向的多面体，因而不能
指定其体积。这就是莫比乌斯于 1865 年所发表的论文中的伟大发
现。他在那篇论文里讨论了后来被称为莫比乌斯带的面。这个面用
一张细长的矩形纸 $A_1 B_1 A_2 B_2$（图 10.27）组成，在扭转半圈后把两端
合并在一起，使 A_1 与 A_2，B_1 与 B_2 重合。显然，这样就将纸条的前
后面连通起来，使这个面只有一侧。可以把它描述如下：想为这条带

子刷上油漆的油漆工会发现,需用的油漆,是他从带子长度预计所要用油漆的两倍,因为漆完带子的长度后,他会发现到了出发点的反侧,只好再环绕一次,以到达出发点。

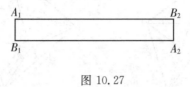

图 10.27

我们可以把这条纸带分成几个三角形并沿其边折起,建立一个各平面部分具有同样性质的多面体表面(不封闭)。对这样得到的三角形带,棱边规律不适用。至少需要 5 个三角形,并按图 10.28 那样

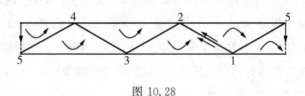

图 10.28

安排,其中右和左的两半三角形在折的过程中形成一个三角形(4,5,1)。这里如果选(1,2,3)为正的绕行方向,并按棱边规律向左延续,则顺序得到方向(3,2,4),(3,4,5),(5,4,1),(5,1,2),于是边 12 最终按与(1,2,3)的相同方向环行,这与棱边规律矛盾。从上面来看,这个折起来的条带,呈现为一个以 5 条边 13,35,52,24,41 为对角线的五角形,如图 10.29 所示。莫比乌斯用这个三角形组成的带子构成一个封闭的多面体。他的方法是:在五边形中间的上方,适当地选一任意空间点 O,以此为公共顶点,用带有这个公共顶点的几个三角形,把多面体的自由棱边(5 条对角线)连接起来。换句话说,这是一个具有相截表面的五侧棱锥体。当然,对这个具有 10 个三角形面的

封闭多面体,也不可能应用棱边规律,所以无法谈及它的体积①。

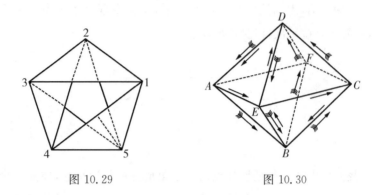

图 10.29   图 10.30

从八面体 $ABCDEF$(图 10.30)出发,用下面的方法可以很容易地得到另一个构造简单而封闭的单侧多面体。从八面体内选 4 个不相邻的面,相互有一个公共顶点而无公共边,例如 AED,EBC,CFD,ABF 和 3 个对角平面 $ABCD$,$EBFD$,$AECF$。这样构成的七面体②与八面体有相同的棱边,因为在后者的每条棱边中,七面体的两个相邻面相遇(即八面体的一个面和一个对角面)。八面体的各对角线不能成为此七面体的棱边,因为各对角平面不相邻。对角线 AC、BD、EF 是七面体的面相截的线。可用棱边规律证明这个七面体的单侧性。如果我们依次取出面 AED,$EDFB$,ECB,$ABCD$,对第一个面指定环行方向,并按棱边规律确定其他面的方向,最后看到 AD 按相同方向走过两次。

---

① 参阅我的文章:"Über Selbstspannungen ebener Diagramme",《数学年刊》,第 67 卷,第 438 页。请比较那篇文章中提到的这种单侧多面体在作图中的应用。也可参阅我的《数学著作集》,第 2 卷,第 629 页,柏林,1922 年。

② C. 莱因哈特(C. Reinhardt)第一个在文献中提到,见"Zu Möbius' Polyedertheorie,Verhandlungen der Königlich Sächsischen Gesellschaft der Wissenschaften"(mathematisch-physikalische Klasse),第 37 卷,1885 年。

　　这里就结束以数作为测量标度的讨论,而转到其他初等几何量的处理,正好像我们在前面一直以莫比乌斯的思想为指导一样,后面我们将追随什切青的伟大几何学家赫尔曼·格拉斯曼(Hermann Grassmann)①在 1844 年发表的《线性扩张论》(*Lineale Ausdehnungslehre*)中所建立的思想。这本书像莫比乌斯的那本书一样具有丰富的思想,但与莫的写作风格不同,非常晦涩,因而几十年未被人注意,也没有被人读懂。只是在其他书和文章中出现了一系列类似的思想之后,人们才认识到这些思想出自格拉斯曼的书,不过为时已晚。如果你想领略一下这种抽象的笔法,你只要看一下这本书里的某几章的标题,如:"纯数学概念之导出""扩张论之推导""扩张论之叙述""表示之形式""一般形式理论之概述"。你只有费劲地吃透了这些内容之后才接触到所述内容的纯抽象的表示,不过仍然很难读懂。直到 1862 年该书出版了后期的修订本②,格拉斯曼才用了一种比较容易接受的表示法,即坐标表示法。此外,格拉斯曼选了一个词——扩张论(Ausdehnungslehre),用以暗示他的研究可应用于任意维空间,而几何学对他而言只不过是这个完全抽象的新学科在普通三维空间中的应用。但是他造的这个新词并没有生根,人们现今简称为"*n* 维几何学"。

　　现在让我们利用我们所熟悉的解析坐标来了解格拉斯曼的概念。我们首先以平面几何为限,用"格拉斯曼原理"作为下一章的标题。

---

　　① 赫尔曼·格拉斯曼,《线性扩张论》出版于 1844 年莱比锡。并可参阅其 *Gesammelte mathematische und physikalische Werke*,第 1 卷,莱比锡,1894 年,第二版出版于 1898 年莱比锡。

　　② 柏林,1862 年。见其全集第 1 卷第二部分,莱比锡,1896 年。

第十一章 平面上的格拉斯曼行列式原理

让我们回忆一下前一章的基本解释。在前一章里,用 3 个点的坐标建立起行列式

$$\begin{vmatrix} x_1 & y_1 & 1 \\ x_2 & y_2 & 1 \\ x_3 & y_3 & 1 \end{vmatrix},$$

并把它解释为三角形面积的两倍,即平行四边形的面积。现在请再考虑分别由两点和一点构成的形

$$\begin{pmatrix} x_1 & y_1 & 1 \\ x_2 & y_2 & 1 \end{pmatrix} \text{或} (x_1 \quad y_1 \quad 1),$$

并称之为矩阵。每一个这样的矩阵,代表着从中分别删去一列或两列可得到的行列式的总体。从第一个矩阵,删去第一列,然后删去第二列,可得两个二阶行列式

$$Y = y_1 - y_2, \quad X = x_1 - x_2,$$

删去第三列,则得到行列式 $N = x_1 y_2 - x_2 y_1$。这样选择符号,是为使它也适用于空间几何。我们必然会问:从 3 个行列式 X, Y, N 所确定的几何图形是什么样的? 我们将把这个图形看作是和三角形面积

同样合理的一个新的初等几何量。从第二个一行矩阵中,除数 1 以外,得到一行行列式,即坐标(x_1, y_1)本身。由此确定以这些坐标作为最简单的基本量的点,这些坐标不需要进一步研究。

如果对格拉斯曼原理做出一般的说明,就可以理解:在平面上或在空间中,我们考虑所有行数少于列数的矩阵,其中各行由一个点的坐标和 1 组成。我们问,从这些矩阵中删除适当的列而得到的行列式所确定的几何量是什么?

这个有些任意地建立起来的原则,将逐渐显示出它是认识一大堆初等几何量的有用的指导原则。我们最终会认识到:它是包含整个几何系统的许多思想的一种自然推广。

还是回到具体问题上:如果知道行列式 X, Y 和 N,那么两点 1 和 2 给出的图形(图 11.1)是什么? 显然,两个点的位置仍然存在一个自由度,因为要用 4 个量才能固定它们。我要断言,当且仅当 1 和 2 分别是一条具有确定长度和方向并在一条确定的直线上自由移动的线段的终点和起点时,我们会得到同样的一组 X, Y, N。从这里起,我们想象箭头从起点 2 指向终点 1。

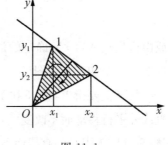

图 11.1

从方程

$$\begin{vmatrix} x & y & 1 \\ x_1 & y_1 & 1 \\ x_2 & y_2 & 1 \end{vmatrix} = 0$$

可以写成形式 $Y \cdot x - X \cdot y + N = 0$,即可推知连接点 1 和点 2 的线

由行列式 X, Y 和 N 确定。由此可以看出,只要比例 $X:Y:N$ 知道了,这条线也就确定了。

进一步,根据早先对线段的长度和三角形面积的考虑,X, Y 分别表示具有从点 2 指向点 1 的方向的线段在 x 轴和 y 轴上的射影,而 N 则表示三角形 $(0,1,2)$ 取 $(0,1,2)$ 的环行方向时的面积的两倍。显然设点 $1,2$ 的位置改变,而保持 X, Y, N 不变,这只能是线段 $(1,2)$ 沿着所在直线移动并保持其方向和长度不变。这样就证明了我的论断。格拉斯曼称这种有确定长度与方向,并位于一确定直线上的线段为一个定向线段,今天更常用向量(矢量)这个名称。如果一个线段在保持其长度和方向的前提下允许平行移动,甚至离开本身所在直线,则我们称之为向量或自由向量。由矩阵

$$\begin{bmatrix} x_1 & y_1 & 1 \\ x_2 & y_2 & 1 \end{bmatrix}$$

或由行列式 X, Y, N 确定的滑动向量,是我们按格拉斯曼原理所考虑的第一个初等几何图形。

我马上要指出,量 X 和 Y 本身确定一个自由向量,因为线段朝直线外平行移动而不改变它们。类似地,比例 $X:Y:N$ 等价于两个量,只确定无限长的直线而不确定其上的一个线段的长度。因此,这种自由向量和无限直线是我们在这里遇到的辅助图形。辅助图形的推导原理将在后面讨论。

这些概念在初等静力学所研究的力学中起到十分重要的作用。传统上,它们在静力学中是自然地提出来的。只要是在平面内进行运算,我们就只涉及平面刚体系统静力学。对于几何处理来说,可以把定向线段当作与作用于此系统的力完全等价,由于物体的刚性,作用点可在作用力的方向上任意移动。旧力学中对力的表示法是:一

条绳拴在点 2 上,一个给定的拉力大小由
线段 12 来测量(图 11.2)。根据我的回
忆,在旧力学书中总有一幅手拉绳子的插
图,这种生动的思想方法与抽象的现代表

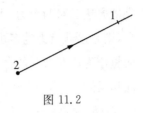

图 11.2

示方法形成鲜明的对照。[1] 有向线段的坐
标 (X, Y, N) 的前两个,称为力的分量,而
N 为绕点 O 旋转的力矩。因为从直线方程可知,从点 O 到直线的垂

线长为 $p = \dfrac{N}{\sqrt{x^2+y^2}}$,因而 N 实际上是距离 p 与线段的长即力的大

小 $\sqrt{x^2+y^2}$ 的乘积。我们可以将这 3 个量一起作为力的坐标。解析
定义在每一种情况下都可以对这些量给出非常确定的符号(这是特
别重要的),就像以前几何解释一样。事实上,必须指出,为了保持公
式的对称性,这里所用的方法与力学中确定力矩符号的习惯方法有
所不同。习惯上是用起点 2 的坐标和自由向量的两个坐标 (X, Y) 的
行列式

$$\begin{vmatrix} x_2 & y_2 \\ X & Y \end{vmatrix} = \begin{vmatrix} x_2 & y_2 \\ x_1-x_2 & y_1-y_2 \end{vmatrix}.$$

这显然与我们的 N 数值相等而符号相反。但这个小差异,只要知道
了是不会造成混乱的。

刚体力学的第一个问题是求任意力 (x_i, y_i, z_i) $(i = 1, 2, \cdots, n)$ 系
统的合力。合力的解析表示式为具有坐标

$$\sum_{i=1}^{n} X_i, \quad \sum_{i=1}^{n} Y_i, \quad \sum_{i=1}^{n} N_i$$

的滑动向量。对这个问题的几何解,在图解静力学中提出了一些漂

---

[1] 例如瓦里尼翁(Varignon)的表:*Nouvelle Mécanique ou Statique*,巴黎,1775 年。

亮的方法。对两个力,干脆用著名的平行四边形法则。对 $n>2$ 的情形,则必须涉及力的多边形。一般来说,我们会找到一个唯一的滑动向量作为任意力系的合力。然而却存在例外,例如两个大小相等、方向相反的,在不同直线上的平行力 (X,Y,N_1) 和 $(-X,-Y,N_2)$ $(N_1 \neq N_2)$ 组成的系统。合力具有分量 $(0,0,N_1+N_2)$,显然它不能作为向量的坐标。初等的表示法对这种现象是无能为力的,而必须把这种不可化简的、称为力偶的量考虑在内,这些量总是将定理的简单性和一般性打乱。但如果把我们原先的公式形式地应用于向量 $(0,0,N_1+N_2)$,令 $\sqrt{0^2+0^2}=0$ 作为合力的大小,而

$$p=\frac{N_1+N_2}{0}=\infty$$

作为它到原点的距离,就可以很容易地把这些明显的例外纳入我们的系统。因此,如果在通常力的情况下,令其到原点的距离 p 逐渐趋向无穷,而令其大小 $\sqrt{x^2+y^2}$ 趋向于 0,使得表示转动力矩的 $p\cdot\sqrt{x^2+y^2}$ 保持不变,那么分量就正好取了这种例外的值。所以,可以把力偶的合力 $(0,0,N_1+N_2)$ 看成是具有有限转动力矩的一个无穷小但无穷远的力。这种假想的说法是促进科学的十分方便而有用的说法,也完全符合几何中无穷远元素的传统介绍法。不管怎样,可以在力的概念引申的基础上,阐明这样一个极为一般的几何定理:在任何情况下,作用在平面上的任意一个力都具有一个合力。而按初等表示法,始终必须引出力偶的概念。

现在要研究我们的基本量在直角坐标变换下的情况,以结束我们的讨论。这将为格拉斯曼系统的具体应用提供一个有价值的分类原则。

坐标变换,即用点原来的坐标 (x,y) 表示点对新坐标系的坐标

(x',y'),其在直角坐标系的 4 个基本变换公式分别为

(1) 平移

$$\begin{cases} x'=x+a, \\ y'=y+b; \end{cases} \tag{A_1}$$

(2) 经过角 ϕ 的旋转

$$\begin{cases} x'=x\cos\phi+y\sin\phi, \\ y'=-x\sin\phi+y\cos\phi; \end{cases} \tag{A_2}$$

(3) 关于 x 轴的反射

$$\begin{cases} x'=x, \\ y'=-y; \end{cases} \tag{A_3}$$

(4) 度量单位的改变

$$\begin{cases} x'=\lambda x, \\ y'=\lambda y。 \end{cases} \tag{A_4}$$

如果对所有参数值 a,b,ϕ,λ 将这 4 种变换彼此复合起来,就得到从一个直角坐标系到另一个同时改变了单位的坐标系的最一般变换的方程组。所有可能平移与旋转的复合,对应于坐标系在平面内普通运动的总和。这些变换的总和组成一个群,即其中任何两个变换的复合,仍为该总和中的一个变换,任何变换之逆也是如此。能组成所有其他变换的特殊变换组(A),称为群的生成元。

在讨论这些特殊变换怎样改变我们的行列式 X,Y,N 之前,我将阐述我总是予以强调,并已在这些基本几何讨论中予以突出的两个基本原理。虽然这些原理太一般了,起初有些难懂,但加以具体说明之后,会立刻变得清楚。其一是:任何图像的几何性质,在坐标系改变的情况下,必须能用不变的公式来表达,即当图形的所有点同时受我们的变换之一作用时,公式仍然保持不变。反之,任何一个公式,如果在这些坐标变换群作用下仍为不变式,则必然表示一个几何

性质。现举出最简单的、大家都知道的例子,即两点之间的距离和两直线间的夹角。下面几页中,我将不得不一再涉及这些公式和诸如此类的很多公式。为了清楚起见,我提出一个非不变式的小例子:方程 $y=0$。平面上满足此方程的点 (x,y) 位于 x 轴上。显然这与图形本质无关,只对描述图形有用。类似地,每一个非不变式方程所表示的是图形与任意附加的外部东西所产生的某些关系,特别是对于坐标系所产生的某些关系,它不表示图形的任何几何性质。

第二个原理涉及由点 $1,2,\cdots$ 的坐标(如我们的 X,Y 和 N)组成的解析量系统。如果在坐标变换下,这个系统具有以确定方式变换成自身的性质,即如果由点 $1,2,\cdots$ 的新坐标形成的量的系统,完全由旧坐标以同样方法形成的这些量表达出来(旧坐标不以显式出现),那么我们说,这个系统确定一个新的几何图形,即一种与坐标无关的结构。事实上,我们将根据它们在坐标变换下的特性来对所有解析表达式分类,并把以同样方式变换的两个表达式系列看成是几何上等价的。

现在利用格拉斯曼基本量所提供的数据,把这些弄清楚。为此,对两点 (x_1,y_1),(x_2,y_2) 进行同样的坐标变换。

(1) 我们从平移 A_1 开始

$$x_1'=x_1+a, \ x_2'=x_2+a,$$

$$y_1'=y_1+b, \ y_2'=y_2+b,$$

比较变换前后的向量坐标:

$$X=x_1-x_2, \quad Y=y_1-y_2, \quad N=x_1y_2-x_2y_1,$$

$$X'=x_1'-x_2', \ Y'=y_1'-y_2', \ N'=x_1'y_2'-x_2'y_1',$$

立即推知

$$\begin{cases} X'=X, \\ Y'=Y, \\ N'=N+bX-aY。 \end{cases} \quad (B_1)$$

用完全同样的方法,作为变换公式,我们得到

(2) 经旋转(A_2)后

$$\begin{cases} X'=X \cos \phi+Y \sin \phi, \\ Y'=-X \sin \phi+Y \cos \phi, \\ N'=N。 \end{cases} \quad (B_2)$$

(3) 作反射(A_3)后

$$\begin{cases} X'=X, \\ Y'=-Y, \\ N'=-N。 \end{cases} \quad (B_3)$$

(4) 改变单位长度(A_4)后

$$\begin{cases} X'=\lambda X, \\ Y'=\lambda Y, \\ N'=\lambda^2 N。 \end{cases} \quad (B_4)$$

在最后一组公式(B_4)中,由于乘数因子 λ 的次数并非永远相同而使式子有差异。我们用物理学上的量纲指数概念来表述这个差异:X 与 Y 有线性量纲指数 1,N 有面积量纲指数 2。

检查这 4 组公式时,我们发现由 3 个量 X,Y,N 确定的向量(定向线段)是真正满足我们的几何量的定义。新坐标 X',Y',N' 完全由 X,Y,N 来表达。

如果自始至终只注意 N 不出现的前两个方程,我们会看出更多的情况。新坐标系中向量的两个坐标(X',Y')完全依赖于这些坐标的原来值;特别是,它们在平移下不改变,且在其他情况下,(X,Y) 对 (X',Y') 的关系与 (x,y) 对 (x',y') 的关系完全一样。从上面阐明的

第二条原则来看,我们可以说,两个坐标 X 与 Y 确定一个与坐标系无关的几何图形。我们已经知道,这就是自由向量。由此可发现,前面所说的系统的原则,导出了向量图形。

下面的讨论是在同样范围内进行。因为在所有 4 个公式组里,X', Y', N' 都是作为 X, Y, N 的线性齐次函数而出现的,通过方程相除,我们看到比 $X' : Y' : N'$ 只依赖于比 $X : Y : N$。因此,这些比 $X : Y : N$,确定了一个与这 3 个量的实际值无关的、独立于坐标系的几何图形。我们已经看到,这个几何图形正是无限直线。

请把公式组(B)应用于一个力偶,此时

$$X=0, Y=0。$$

于是,当然有

$$X'=0, Y'=0。$$

同时在 4 组情况下分别有

$$N'=N, \tag{C_1}$$

$$N'=N, \tag{C_2}$$

$$N'=-N, \tag{C_3}$$

$$N'=\lambda^2 N。 \tag{C_4}$$

如果对变换群作用下最多改变一个因子的量使用习惯的术语——不变量,如果根据这个因子是 1 或否而分别称之为绝对不变量或相对不变量,则可将公式组(C)称为:一个力偶的旋转矩是关于平面上所有直角坐标变换的相对不变量。

请将这个说法与起初研究过的基本几何量——三角形的面积——在坐标变换下的情况

$$\Delta = \frac{1}{2} \begin{vmatrix} x_1 & y_1 & 1 \\ x_2 & y_2 & 1 \\ x_3 & y_3 & 1 \end{vmatrix}$$

相比较,平移变换(A_1)不改变这个行列式,因为它只对第一列的每个元素增加a,对第二列元素增加b,即分别加上第三列元素的a倍与b倍。于是,我们有

$$\Delta' = \Delta。 \tag{D_1}$$

类似地,其他3个变换产生

$$\Delta' = \Delta, \tag{D_2}$$

$$\Delta' = -\Delta, \tag{D_3}$$

$$\Delta' = \lambda^2 \Delta。 \tag{D_4}$$

所有这些都可以从三角形的几何意义立即推出。但这些公式和(C)组完全相同:三角形面积,从而任意面积(事实上总可以表达为三角形之和)在任意坐标变换下的性质,和力偶的旋转力矩的性质完全一样。由此,根据第二原则,可以把这两件事看成是几何上等价的,并可以解释如下:如果在平面上有一个具有旋转力矩N的任意力偶,且如果用任何方式确定一个面积$\Delta = N$的三角形,则在所有坐标变换下均保持此等式。也就是说,我们能用三角形或平行四边形或任何其他平面图形的面积来表示力偶的旋转力矩,它们与坐标系无关。这种几何对应是怎样导出的,以后的研究虽然稍微复杂,但碰到更具有启发性的类似的空间关系时就会更清晰明了。

　　下面就结束平面几何的讨论。在平面几何中,这些抽象的道理几乎简单之极。对每一个解析公式,都可以说出一个恰当的几何意义,完全一般化的解析思想因而自动地渗入几何学中。在这方面,必须再次强调一个关键的假设:对几何图形的符号,应加上适当的规定。

第十二章　格拉斯曼空间原理

我们将用前面考虑平面时所用的方式对空间作相应的研究。因此,我们从点 $1,2,3,4$ 的坐标形成的矩阵

$$(x_1,y_1,z_1,1),\begin{pmatrix} x_1 & y_1 & z_1 & 1 \\ x_2 & y_2 & z_2 & 1 \end{pmatrix},\begin{pmatrix} x_1 & y_1 & z_1 & 1 \\ x_2 & y_2 & z_2 & 1 \\ x_3 & y_3 & z_3 & 1 \end{pmatrix},\begin{pmatrix} x_1 & y_1 & z_1 & 1 \\ x_2 & y_2 & z_2 & 1 \\ x_3 & y_3 & z_3 & 1 \\ x_4 & y_4 & z_4 & 1 \end{pmatrix}$$

出发。第一个矩阵的行列式代表点自身的坐标而不需作任何考虑。第四个矩阵已给出一个四阶行列式,我们已经知道,是四面体$(1,2,3,4)$体积的 6 倍,将其称为“空间块”,以便与后面的术语一致。而且,可以把它干脆看作是具有棱边 $41,42,43$ 的平行六面体(图 12.1)的体积,格拉斯曼称之为“晶体”。

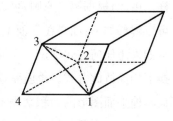

图 12.1

第二和第三个矩阵提供了新的图形。从第二个矩阵删去两列后得到的 6 个二阶行列式为

$$\begin{cases} X=x_1-x_2, & Y=y_1-y_2, & Z=z_1-z_2, \\ L=y_1z_2-y_2z_1, & M=z_1x_2-z_2x_1, & N=x_1y_2-x_2y_1. \end{cases} \tag{1}$$

类似地,第三个矩阵给出下列 4 个三阶行列式

$$\begin{cases} \mathscr{L}=\begin{vmatrix} y_1 & z_1 & 1 \\ y_2 & z_2 & 1 \\ y_3 & z_3 & 1 \end{vmatrix}, & \mathscr{M}=\begin{vmatrix} z_1 & x_1 & 1 \\ z_2 & x_2 & 1 \\ z_3 & x_3 & 1 \end{vmatrix}, \\[3em] \mathscr{N}=\begin{vmatrix} x_1 & y_1 & 1 \\ x_2 & y_2 & 1 \\ x_3 & y_3 & 1 \end{vmatrix}, & \mathscr{P}=-\begin{vmatrix} x_1 & y_1 & z_1 \\ x_2 & y_2 & z_2 \\ x_3 & y_3 & z_3 \end{vmatrix}. \end{cases} \tag{2}$$

首先,关于 6 个行列式(1),可以从相应的平面讨论中推知,X,Y,Z 是连接 2 到 1 的线段在各坐标轴上的射影,而 L,M,N 是三角形(0,1,2)取 0,1,2 方向在相应坐标平面上投射的面积的两倍(图 12.2)。把线段(1,2)沿它所在的直线保持长度和正向移动时,所有这些显然均保持不变。它们表示所谓

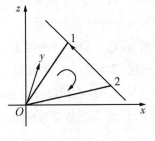

图 12.2

空间有向线段或滑动向量的图形。如果我们把向量平行地移出其所在直线时,量 X,Y 和 Z 仍然保持不变,因此它们确定一个自由向量。类似地,当有向线段在其所在直线上任意改变其长度或正向时,6 个量的比 $X:Y:Z:L:M:N$ 不改变,因此它们确定了无限直线。

4 个行列式(2)首先确定了 1,2,3 这 3 个点的平面。因为,我们可以将方程

$$\begin{vmatrix} x & y & z & 1 \\ x_1 & y_1 & z_1 & 1 \\ x_2 & y_2 & z_2 & 1 \\ x_3 & y_3 & z_3 & 1 \end{vmatrix}=0$$

写为如下形式

$$\mathscr{L}x+\mathscr{M}y+\mathscr{N}z+\mathscr{P}=0.$$

因此,比 $\mathscr{L}:\mathscr{M}:\mathscr{N}:\mathscr{P}$ 确定无限平面。我们进一步看到,$\mathscr{L},\mathscr{M},\mathscr{N}$ 是边界方向取为 1,2,3 的三角形(1,2,3)在各坐标平面上射影面积的两倍,而 $\mathscr{P}$ 是四面体(0,1,2,3)体积的 6 倍,其符号对应于这些顶点的顺序。现在,当且仅当三角形(1,2,3)在它所在平面内移动和变形而其面积和边界方向不改变时,上述 4 个量显然不变。因此,它们确定了具有移动自由度的一个三角形或一个平面区域,格拉斯曼称之为"平面片"或一个"平面量值"。当我们移动平行于本身的三角形平面时,平面片的前 3 个坐标 $\mathscr{L},\mathscr{M},\mathscr{N}$ 也仍然不变。于是,就面积和边界方向而言,这 3 个坐标确定了在平行于本身的空间内自由移动的一个三角形,即所谓自由平面量。

如果现在回过来仔细看一下有向线段,我们首先发现,在空间中,它被 5 个参变量所决定,因为它的两个端点一共有 6 个坐标,但一个端点可沿一条直线移动。因此,上面确定的有向线段的 6 个坐标 X,Y,Z,L,M 和 N 不可能彼此独立,而必须满足一个条件。我们可以从行列式定理(这总是我们理论的关键)来推出这个条件。

请考虑行列式:

$$\begin{vmatrix} x_1 & y_1 & z_1 & 1 \\ x_2 & y_2 & z_2 & 1 \\ x_1 & y_1 & z_1 & 1 \\ x_2 & y_2 & z_2 & 1 \end{vmatrix}=0。$$

由于有两行元素完全相同,因而恒等于 0。将行列式展开成上两行和下两行各对应的代数余子式乘积之和。第一个被加项,即两个被虚线围住的代数余子式的积正是 $N\cdot Z$,而整个行列式为

$$2(N\cdot Z+M\cdot Y+L\cdot X)。 \tag{3}$$

因而得到任意有向线段的 6 个坐标所必须满足的等式 $X\cdot L+Y\cdot$

$M+Z \cdot N=0$。借助公式(1)，不难证明，6 个量之间的方程(3)足以使 6 个量代表一个有向线段的坐标。我不需要对这个十分基本的问题作任何讨论。

现在再谈一谈这些概念在力学上的应用。和平面上的情形一样，现在的有向线段代表一个作用于空间刚体上的力，包括作用点、大小和方向。在有向线段的 6 个坐标中，称 X,Y,Z 为平行于坐标轴的分力，而 L,M,N 是围绕这些轴的转矩，其所选方向仍与力学中常取的方向相反。3 个分量 X,Y,Z 决定了力的大小和方向，其方向余弦是比 $X{:}Y{:}Z$。我们得到的力是平行六面体的对角线，其分力的大小是坐标轴上的线段 X,Y,Z。利用 L,M,N 作出同样的对角线，我们得到一个确定的方向，称为合力矩的轴的方向。按著名的空间几何的公式，方程(3)表示力的方向和合力矩的轴的方向互相垂直。和平面上的情况一样，我们将力偶在 $X=Y=Z=0$，同时 L,M,N 不全为零的极限情形包括在有向线段的概念之内。简单地过渡到极限，即表明：这里是指一个旋转力矩为有限的，作用于无限远的无穷小力。初等理论里避免这种表达方式，而认为一个力偶只不过是两个作用在不同平行直线上的，大小相等方向相反的力：(X,Y,Z,L_1,M_1,N_1) 和 $(-X,-Y,-Z,L_2,M_2,N_2)$。它们的和，事实上就给出了刚才假设过的坐标 $(0,0,0,L_1+L_2,M_1+M_2,N_1+N_2)$。

现在考虑作用在一个刚体上的任意力系 X_i,Y_i,Z_i,L_i,M_i,N_i $(i=1,2,\cdots,n)$ 的合成。初等教材和讲义花了很多时间讲这个问题，而这里却能迅速加以处理；因为初等讨论中不考虑符号规则，只有不厌其烦地考虑各个具体情况，而我们有了解析公式，就觉得他们多此一举了。合成的基本原则是，我们求出和

$$\Xi = \sum_{i=1}^{n} X_i, \quad \mathbf{H} = \sum_{i=1}^{n} Y_i, \quad \mathbf{Z} = \sum_{i=1}^{n} Z_i,$$

$$\mathbf{\Lambda} = \sum_{i=1}^{n} L_i, \ \mathbf{M} = \sum_{i=1}^{n} M_i, \ \mathbf{N} = \sum_{i=1}^{n} N_i,$$

并把它们作为力系的坐标,或用普吕克(J. Plücker)的术语,作为动力坐标。这里,再一次区分出沿坐标轴的 3 个分量和围绕坐标轴的 3 个旋转力矩。现在,这个力系一般将不是一个单力,因为 6 个和式不一定满足单个有向线段的坐标条件

$$\mathbf{\Xi} \cdot \mathbf{\Lambda} + \mathbf{H} \cdot \mathbf{M} + \mathbf{Z} \cdot \mathbf{N} = 0。$$

这是在空间中所出现的、与平面上的情形相反的新概念,即一个作用于刚体的力系不一定能简化成一个简单的力。

为了获得一个力系的具体图像,我们将尽可能以简单的方式,用最少的几个力的合力对其加以表达。我们将证明,能将每个力系考虑为一个单个力和一个轴线与该力的作用线(所谓力系的中心轴)平行的力偶的合力,且此分解是唯一的。这种作用于刚体的力的合成理论,在 1804 年出版并一版再版的潘索(Poinsot)的《静力学原理》(*Eléments de statique*)[1]中有经典的表述。我们这里所谈的,实际是潘索的中心轴。潘索的处理方法是初等几何方法,是非常复杂的,现在初等数学教学中仍然如此。

为了证明上面的定理,我们要指出,从力系中抽去一个力偶可能产生的任何单力,必须具有以 $\mathbf{\Xi}, \mathbf{H}$ 和 $\mathbf{Z}$ 作为平行于坐标轴的分量。因此,如果此力偶的转矩轴平行于中心轴,则其分量必然与 $\mathbf{\Xi}, \mathbf{H}$ 和 $\mathbf{Z}$ 成比例。设其 6 个坐标为 $0,0,0,k\mathbf{\Xi},k\mathbf{H},k\mathbf{Z}$,其中 k 为待定参数。为了从这个力偶求得我们的系统$(\mathbf{\Xi},\mathbf{H},\mathbf{Z},\mathbf{\Lambda},\mathbf{M},\mathbf{N})$,必须把系统

$$\mathbf{\Xi},\mathbf{H},\mathbf{Z},\mathbf{\Lambda}-k\mathbf{\Xi},\mathbf{M}-k\mathbf{H},\mathbf{N}-k\mathbf{Z}$$

---

[1]　第 12 版,J. 贝特朗(J. Bertrand)出版,巴黎,1877 年。

加到力偶上。如果能确定 k 使该系统成为一个单力,此定理即得到证明。对此的必要充分条件是坐标满足方程(3),即

$$\Xi(\Lambda-k\Xi)+H(M-kH)+Z(N-kZ)=0。$$

由此可得唯一解

$$k=\frac{\Xi\Lambda+HM+ZN}{\Xi^2+H^2+Z^2}。$$

因为我们假设分母不为零,否则我们处理的是一个力偶而不是一个真正的力系。如果对 k 指定被普吕克称为动力参数的这个值,那么实际上就是把这个力系分解成了一个力偶和一个单力,而证明的过程已表明这个合成是唯一的。

现在的问题是:这个解可以和什么几何表示联系起来? 这些研究又得回溯到莫比乌斯 1837 年出版的《静力学》一书[①]。在这本书里,他问到所谓"零轴",即力系绕它的转矩为零的问题。他称所有这些零轴的系统为一个"零系统"。这个术语无疑是大家所熟悉的,其起源即在于此。

现在必须对这里应用的旋转力矩或力矩的一般概念下定义。设在空间给出两个有向线段 $(1,2)$ 和 $(1',2')$(图 12.3),由它们构成四面体 $(1,2,1',2')$,其体积为

$$\frac{1}{6}\cdot\begin{vmatrix} x_1 & y_1 & z_1 & 1 \\ x_2 & y_2 & z_2 & 1 \\ x_1' & y_1' & z_1' & 1 \\ x_2' & y_2' & z_2' & 1 \end{vmatrix}。$$

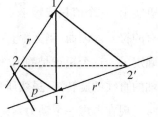

图 12.3

① 莱比锡,1837 年,或见其《全集》第 3 卷,莱比锡,1896 年。

将此行列式展开成上两行和下两行代数余子式乘积之和,得到 $\frac{1}{6}$ · $(XL'+YM'+ZN'+LX'+MY'+NZ')$,其中 $X'\cdots,N'$ 是有向线段 $(1',2')$ 的坐标。所出现的两个有向线段坐标的双线性组合

$$XL'+YM'+ZN'+LX'+MY'+NZ'$$

称为一有向线段相对于另一有向线段之矩,它等于以各有向线段的端点为顶点的四面体体积的 6 倍,因而是一个独立的几何量。如果 r 和 r' 是各有向线段的长度,ϕ 是它们之间的夹角,p 是它们的公垂线长,则由初等几何可知,在适当选择 ϕ 的符号情况下,矩等于 $r\cdot r'\cdot p\cdot\sin\phi$。

如果我们用无穷直线代替有向线段 $(1,2)$,则有向线段 $(1',2')$ 相对于直线的矩,将定义为相对于该直线上长 $r=1$ 的有向线段的矩 (按前面意义),即 $r'p\sin\phi$。这是将前面的表达式除以 $r(=\sqrt{X^2+Y^2+Z^2})$ 而得到的结果。因而,有向线段 (X',Y',Z',L',M',N') 相对于包含有向段线 (X,Y,Z,L,M,N) 的无限直线的矩为

$$\frac{XL'+YM'+ZN'+LX'+MY'+NZ'}{\sqrt{X^2+Y^2+Z^2}}。$$

事实上,这个值只依赖于 6 个量 $X,\cdots,N$ 之比加上一个为它们所共有的符号。因而,当无限直线及其上的一个正向已知时,它就完全被确定了。这个矩正是静力学中所谓由一个有向线段代表的力绕作为轴的直线的旋转矩,虽然所选的符号有所不同。

现在考虑一个动力系统的力系

$$\mathbf{\Xi}=\sum_{i=1}^{n}X_i',\cdots,\mathbf{N}=\sum_{i=1}^{n}N_i'$$

的矩或旋转矩。这自然指的是若干力的矩之和,即表达式

$$\sum_{i=1}^{n} \frac{XL_i' + YM_i' + ZN_i' + LX_i' + MY_i' + NZ_i'}{\sqrt{X^2 + Y^2 + Z^2}}$$

$$= \frac{X\Lambda + YM + ZN + L\Xi + MH + NZ}{\sqrt{X^2 + Y^2 + Z^2}}。$$

如果在这个表达式中,我们依次令无限直线 $X, \cdots, N$ 与 3 个正坐标轴相等,由此表达式依次取值 $\Lambda, \mathbf{M}, \mathbf{N}$,这也表明了前面对这些量指定的记号是合理的。

现在可以着手处理莫比乌斯提出的问题:如果 $\Lambda X + \mathbf{M}Y + \mathbf{N}Z + \Xi L + \mathbf{H}M + \mathbf{Z}N = 0$,则给出的力系 $\Xi, \mathbf{H}, \cdots, \mathbf{N}$ 相对直线(X：Y：$\cdots$：N)(零轴)的矩为 0。因此,动力系统的零系统是由这个方程给出的全部直线($X : Y : \cdots : N$)。因为系统 $\Lambda, \cdots, \mathbf{Z}$ 作为一个动力系统的坐标可以是 6 个自由的量,所以这是 6 个量 $X, \cdots, N$ 的最一般的线性齐次方程。普吕克和莫比乌斯一起,作为 19 世纪解析几何领域的先锋,正是研究了这些由任意线性齐次方程确定的全部直线,并称之为线丛(此后将详细讨论)。因此,莫比乌斯的零系统,正是普吕克的线丛。

现在力图对这个零系统给出一个尽可能清晰的图像。当然,我们不能说出这个术语在真正意义上的一个几何图像,因为空间中充斥着无限繁多的零系统。然而,它的分类是不难理解的。为此,按照这些讲稿所一贯遵循的计划,我将尽可能方便地选择坐标轴,这里就选动力系统的中心轴为 z 轴。因为,正如我们所知道的,动力系统是沿中心轴作用的一个力和转轴平行于中心轴的一个力偶的合力,按我们对 z 轴的选择,4 个坐标 $\Xi, \mathbf{H}, \Lambda, \mathbf{M}$ 必然为 0,故 $\mathbf{Z}$ 代表了该力的度量,$\mathbf{N}$ 则表示该力偶绕其轴的转矩。因此,此动力系统的参数为

$$k = \frac{\Xi\Lambda + \mathbf{H}\mathbf{M} + \mathbf{Z}\mathbf{N}}{\Xi^2 + \mathbf{H}^2 + \mathbf{Z}^2} = \frac{\mathbf{N}}{\mathbf{Z}}。$$

于是,新坐标系中的线丛方程具有简化形式

$$\mathbf{N}Z + \mathbf{Z}N = 0,$$

或在除以 $\mathbf{Z}$ 后为

$$k \cdot Z + N = 0。 \tag{4}$$

这个形式就当作以后讨论的基础。如果 $P_1(x_1, y_1, z_1)$ 和 $P_2(x_2, y_2, z_2)$ 是零系统的一条直线 $(X:Y:Z:L:M:N)$ 上的两个点,那么因 $Z = z_1 - z_2$,$N = x_1 y_2 - x_2 y_1$,对零线上任意两点的坐标,方程(4)给出条件

$$k(z_1 - z_2) + (x_1 y_2 - x_2 y_1) = 0。 \tag{5}$$

现在如果使 P_2 固定,则方程(5)是零系统中一条线上所有点 P_1 的坐标 (x_1, y_1, z_1) 的方程,而且 P_2 也在这条直线上。为了清楚起见,如果用流动坐标 (x, y, z) 代替 (x_1, y_1, x_1),我们看到,所有点 P_1 填满一个平面,其方程为

$$y_2 x - x_2 y + k \cdot z = k z_2。 \tag{5'}$$

本平面包含点 P_2,因为 $x = x_2$,$y = y_2$,$z = z_2$ 满足此方程。由此证明,通过空间任意点 P_2 有无穷多个零线,它们形成一个填满平面 $(5')$ 的平面线束。如果能得到对应每点 P_2 的这个平面(零平面)位置的清楚图像,我们的问题就解决了。

在空间中作平行于 z 轴平移和绕 z 轴旋转的变换情况下,在方程(5)内出现的两个表达式 $N = x_1 y_2 - x_2 y_1$,$Z = z_1 - z_2$ 具有不变的性质。因为平移使 X 和 Y,从而使 N 以及差 $z_1 - z_2$ 都保持不变,而旋转则不影响 z 坐标(即 Z)并使 x-y 平面内的面积 N 保持不变。于是,在空间绕中心轴——在此为 z 轴——按顺时针方向旋转和沿该轴平移时,方程(5)及其确定的零系统变为自身。

这个定理使我们的问题变得相当容易了。只要知道零系统中哪

个平面属于 x 轴的正半轴上的任意一点,自然也就知道了属于空间
每个点的零平面。因为通过沿 z 轴的平移和绕 z 轴的旋转,可以使
x 轴上一点与空间的任一定点重合,而据我们的定理,对应的零平面
变为自身。换句话说,垂直于中心轴
的一条半轴,其各点的零平面,有一个
相对于半轴与中心轴的位置,这个位
置与半轴的选择无关。

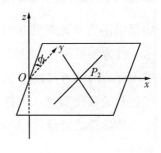

图 12.4

　　如以 x 轴为限,令 $y_2 = z_2 = 0$,由
方程 (5′) 得到 $kz - x_2 y = 0$。因为
$y = z = 0$ 恒满足此方程,所以它通过 x
轴(图 12.4)。如改写方程为形式 $\dfrac{z}{y} =$

$\dfrac{x_2}{k}$,推得平面对于水平(x-y 平面)面的倾角的正切为

$$\tan \phi = \frac{x_2}{k}。$$

于是,平面的位置就完全被确定。在图 12.5 中,画出了它在与其垂
直的 y-z 平面上的截痕。

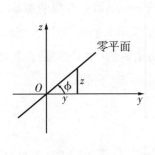

图 12.5

图 12.6

综上所述,我们可以说,这个结论与空间坐标系的选择无关。对于看作垂直的离中心轴有 r 那么远的每一个点,有一个包含从这点到轴的垂线的、属于零系统的平面,它对水平面的倾角的正切为 $\frac{r}{k}$。

如果沿垂直于此轴的半射线移动此点,则相应的零系统的平面在 $r=0$ 时为水平面,随 r 增加将按 $k>0$ 或 $k<0$ 而上倾或下倾,当 r 变成无穷时渐近趋向于垂直。我们可以用席林的模型(图 12.6)把这些关系讲清楚。在这个模型中,有一个可沿中心轴滑动与绕中心轴旋转的滑臂,臂上附有一个平面板,板远离轴时以适当的方式升高。

现在来考虑点 P_2 所经过平面的法线方向。它的方向余弦比与平面方程 $(5')$ 的系数之比,即 $y_2:(-x_2):k$ 相同。

可以把这个方向看作是在空间作无穷小螺旋运动时点 P_2 的移动方向。事实上,如果使空间像一个刚体那样绕 z 轴转过有限角 ω 并同时平行于 z 轴移动量 c,每个点 (x,y,z) 将变到由方程

$$\begin{cases} x'=x\cos\omega-y\sin\omega, \\ y'=x\sin\omega+y\cos\omega, \\ z'=z+c \end{cases}$$

确定的新位置。我们用 $-\mathrm{d}\omega$ 代替 ω,并令 $c=k\mathrm{d}\omega$,把有限的螺旋运动过渡到无穷小的螺旋运动。负号表示如果沿 z 的正向移动,则 $k>0$ 时 x-y 平面的旋转是负的,即螺旋运动是负的(左手螺旋)。忽略 $\mathrm{d}\omega$ 的二阶和高阶量,即令 $\cos\mathrm{d}\omega=1,\sin\mathrm{d}\omega=\mathrm{d}\omega$,我们得

$$x'=x+y\mathrm{d}\omega,y'=-x\mathrm{d}\omega+y,z'=z+k\mathrm{d}\omega。$$

在此无穷小的螺旋运动下,给定点 P_2 的坐标的增量为 $\mathrm{d}x_2=y_2\mathrm{d}\omega$,$\mathrm{d}y_2=-x_2\mathrm{d}\omega,\mathrm{d}z_2=k\mathrm{d}\omega$,即点 P_2 将沿方向

$$dx_2 : dy_2 : dz_2 = y_2 : (-x_2) : k \qquad (6)$$

移动。事实上,这正是沿法线的方向。因此,如果我们使空间绕中心轴作一个无穷小螺旋运动,使得沿轴的移动等于转角(取负号)的 k 倍,则属于空间任意点的、参数为 k 的零系统中的平面,将垂直于该点移动的弧线。

因为螺旋运动的表示是十分容易的,所以对各平面在零系统中的分布,可以用这个方法得到一个生动的图像。例如,增加点到中心轴的距离 r,在螺旋运动中所经路径的水平射影 $r\mathrm{d}\omega$ 越长,路径本身就越平,因为增加高度 $k\mathrm{d}\omega$ 是常量,又因增高方向与路径相垂直,所以零系统中的平面就越陡。如果将无限次的这种无穷小螺旋运动复合成一个空间内的连续螺旋运动,则距中心轴为 r 的每个点将画出一条对水平的倾角斜率为 $-\dfrac{k}{r}$、螺距为与 r 无关的 $2\pi k$ 的螺旋线。与此螺旋线相垂直的诸平面都是零系统中的平面。

讨论了零系统中的平面之后,我现在尽量为零轴描出一个清楚的图像。任取一零轴 g(图 12.7),并作 g 与中心轴的一条公垂线,分别与 g 及中心轴相交于点 P 和点 O。这样,作为从点 P 到中心轴的垂线的 PO 属于零系统,OPg 必然是属于 P 的零系统的平面。因 g 垂直于 OP,它与水平面的交角与零平面和水平面的交角一样为 ϕ,即 $\tan \phi = \dfrac{r}{k}$,$r = OP$。因此,如果通过垂直于中心轴的每条半射线上的每个点 P,都作一条直线与此射线相垂直,并使其与水平面夹角的正切 $\tan \phi = \dfrac{r}{k}$(其中 r 为点 P 到中心轴的距离),就得到了所有的零轴。

可以把这个结构说得更清楚一些。取一个半径为 r、轴为中心轴的圆柱面(图 12.8),在上面画出与水平面的倾角 ϕ 的正切为 $\tan \phi = \dfrac{r}{k}$

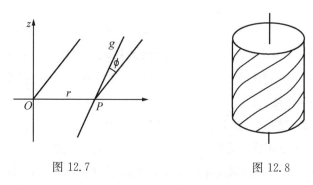

图 12.7   图 12.8

的所有螺旋线。这些螺旋线的切线的总体,显然与距离中心轴为 r 的所有零轴相同。通过改变 r,就得到所有零轴。向外移动时,这些螺旋线变陡。它们在每一点上以对应的零平面为其密切平面。因此,它们与刚才说的螺旋线成直角,而上述螺旋线在每一点上都是与零平面垂直的。

讨论了螺旋线和零系统之间呈现的双重联系之后,就可以理解为什么全部理论与螺旋线联系在一起。罗伯特·鲍尔爵士在他著的《螺旋理论》(*Theory of Screws*)[①]中就曾利用这个指定,在书中讨论了与作用于刚体的力系相联系的一切几何关系。

现在把我们所讲的系统总结一下。我们借助格拉斯曼原则,获得了 4 个基本几何图形:点、线段、平面片和空间块。像在平面上的情形一样,我们将讨论这些图形在直角坐标变换下的性质,并按一般的原则加以分类。

---

①   罗伯特·鲍尔,《螺旋理论》,都柏林,1876 年。

第十三章　直角坐标变换下的空间

首先,当然应对空间中所有直角坐标系变换有一个概念。这些变换是所有空间几何的基础,所以在本讲义中无论如何不能忽略它们。和平面上的情况一样,要考虑的最一般的坐标系的变换,由下列各部分组成:

(1) 平移;

(2) 绕原点旋转;

(3) 反射;

(4) 长度单位的改变。

平移的方程当然就是

$$\begin{cases} x'=x+a, \\ y'=y+b, \\ z'=z+c。 \end{cases} \tag{A_1}$$

在任意情况下的旋转方程具有形式:

$$\begin{cases} x'=a_1x+b_1y+c_1z, \\ y'=a_2x+b_2y+c_2z, \\ z'=a_3x+b_3y+c_3z。 \end{cases} \tag{A_2}$$

我们将考虑系数行列式,这里比平面上的情况要复杂一些。这两类变换的所有可能的复合,产生构成空间坐标系的一切适当运动。

正如平面上对一个轴反射一样,这里可以考虑对一个坐标平面,例如 x-y 平面的反射,并得

$$x'=x, y=y', z'=-z,$$

但能借助 3 个负号把这些公式写成更对称的形式

$$x'=-x, y'=-y, z'=-z。 \tag{A_3}$$

这是一个对原点的反射,有时称为反演[①]。在平面上

$$x'=-x, y'=-y$$

就不是一个反射,而是扫过 $180°$ 的旋转。一般来说,只在奇数维空间,对原点的反演才是一个反射,对偶维空间则是旋转。

最后,单位长度的改变由方程

$$x'=\lambda x, y'=\lambda y, z'=\lambda z \quad (\lambda>0) \tag{A_4}$$

给出。如 $\lambda<0$,则此变换为一个反射加单位长度的改变。

剩下需要较仔细地考虑旋转公式。正如你们所知道的,绕原点的最一般的旋转依赖于 3 个参数,因为轴旋转的方向余弦代表两个独立量;此外,旋转角是任意的。四元数理论对依赖 3 个独立参数的所有旋转提供了对称的处理。不过,欧拉在四元数发现之前已为所述问题建立了公式。这里将介绍力学教科书里通常的处理方法,这个方法利用了新轴相对于旧轴的 9 个方向余弦。我们从前面给出的公式

---

　　① 有时"反演"用于以半径倒数进行的完全不同的变换。

$$\begin{cases} x'=a_1x+b_1y+c_1z, \\ y'=a_2x+b_2y+c_2z, \\ z'=a_3x+b_3y+c_3z \end{cases} \tag{1}$$

出发。请考虑旧 x 轴上的一点 $x,y=0,z=0$。它的新坐标为 $x'=a_1x,y'=a_2x,z'=a_3x$，即 a_1,a_2,a_3 是旧 x 轴与各新轴交角的余弦。类似地，b_1,b_2,b_3 和 c_1,c_2,c_3 分别是旧 y 轴、旧 x 轴和各新轴交角的余弦。

变换方程的这 9 个系数并不是相互独立的。我们可以从刚才的说明中推导出它们之间的关系，或利用在每个正交变换中已知的关系，即原点固定时在每一个旋转和反射中有

$$x'^2+y'^2+z'^2=x^2+y^2+z^2。 \tag{2}$$

它表示到点 O 的距离是不变量。我们选择第二个方法。

(a) 将(1)式代入(2)式，比较相应项系数，可得 9 个量 $a_1,\cdots,c_3$ 间的下列 6 个关系式

$$\begin{cases} a_1^2+a_2^2+a_3^2=1, & b_1c_1+b_2c_2+b_3c_3=0, \\ b_1^2+b_2^2+b_3^2=1, & c_1a_1+c_2a_2+c_3a_3=0, \\ c_1^2+c_2^2+c_3^2=1, & a_1b_1+a_2b_2+a_3b_3=0。 \end{cases} \tag{3}$$

(b) 用 3 个量 a,b,c 分别乘以方程组(1)并利用(3)式求解，可得

$$\begin{cases} x=a_1x'+a_2y'+a_3z', \\ y=b_1x'+b_2y'+b_3z', \\ z=c_1x'+c_2y'+c_3z'。 \end{cases} \tag{4}$$

显然，这是从方程组(1)中将其系数矩阵的行列互换而得到的所谓转

置线性变换。

(c) 另一方面,用行列式法则解方程(1),可得

$$x=\frac{1}{\Delta}\begin{vmatrix} x' & b_1 & c_1 \\ y' & b_2 & c_2 \\ z' & b_3 & c_3 \end{vmatrix},\cdots,\text{其中}\ \Delta=\begin{vmatrix} a_1 & b_1 & c_1 \\ a_2 & b_2 & c_2 \\ a_3 & b_3 & c_3 \end{vmatrix}。$$

此处 x' 的系数必然与方程组(4)的第一个方程一样,即

$$\frac{1}{\Delta}\begin{vmatrix} b_2 & c_2 \\ b_3 & c_3 \end{vmatrix}=a_1。 \tag{5}$$

对其他系数也有类似的结果,即正交变换的每一个系数必然等于系数矩阵的对应代数余子式除以行列式 Δ。

(d) 现在计算行列式 Δ。为此,利用行列式的乘法法则求它的平方:

$$\begin{vmatrix} a_1 & b_1 & c_1 \\ a_2 & b_2 & c_2 \\ a_3 & b_3 & c_3 \end{vmatrix}\cdot\begin{vmatrix} a_1 & b_1 & c_1 \\ a_2 & b_2 & c_2 \\ a_3 & b_3 & c_3 \end{vmatrix}$$

$$=\begin{vmatrix} a_1^2+a_2^2+a_3^2 & b_1a_1+b_2a_2+b_3a_3 & c_1a_1+c_2a_2+c_3a_3 \\ a_1b_1+a_2b_2+a_3b_3 & b_1^2+b_2^2+b_3^2 & c_1b_1+c_2b_2+c_3b_3 \\ a_1c_1+a_2c_2+a_3c_3 & b_1c_1+b_2c_2+b_3c_3 & c_1^2+c_2^2+c_3^2 \end{vmatrix}。$$

根据(3)式,此积为

$$\Delta^2=\begin{vmatrix} 1 & 0 & 0 \\ 0 & 1 & 0 \\ 0 & 0 & 1 \end{vmatrix}=1,$$

所以 $\Delta=\pm1$。为了决定选择什么符号,我们要指出,至今为止,我们

只用到关系(2),它对于旋转和反射是同样成立的,在所有正交变换中,旋转具有从恒等变换 $x'=x, y'=y, z'=z$ 通过连续改变系数而产生的性质,它相应于一个坐标系的连续运动,从原位置变到新位置。另一方面,一般称为反射的变换,是从反演 $x'=-x, y'=-y, z'=-z$ 的连续变形而产生的,而反演本身不能从恒等变换连续地产生。但变换的行列式是系数的连续函数,当我们连续地将恒等变换改变成任意旋转时,必然是连续地变化。其开始值为

$$\begin{vmatrix} 1 & 0 & 0 \\ 0 & 1 & 0 \\ 0 & 0 & 1 \end{vmatrix}=+1。$$

因为它的值只能是 $+1$ 或 -1,但对于旋转,它必须保持为 $+1$,突然改变到 -1 意味着不连续性。因此,对每一个旋转,行列式的值为

$$\Delta=\begin{vmatrix} a_1 & b_1 & c_1 \\ a_2 & b_2 & c_2 \\ a_3 & b_3 & c_3 \end{vmatrix}=+1。 \tag{6}$$

对于反射,则必然有 $\Delta=-1$。

现在,(5)式具有简单的形式

$$a_1=\begin{vmatrix} b_2 & c_2 \\ b_3 & c_3 \end{vmatrix}, \tag{7}$$

因此,直角坐标系的旋转变换矩阵的每一个系数都等于对应的代数余子式。

现在转入实际问题,在直角坐标系的 4 个类型的变换下,如何求出直线段 X, Y, Z, L, M, N,平面片 $\mathscr{L}, \mathscr{M}, \mathscr{N}, \mathscr{P}$ 及空间块 T 这些空间图形的坐标变化。

把所有这些公式都写出来要占用许多篇幅,而且非常烦琐。因此,我只说明值得特别注意的几点。首先,我指出几个你们很容易验明的性质,在所有直线段坐标的变换公式中,新系的前 3 个坐标 X', Y', Z' 只通过 X, Y, Z 表示,事实上是它们的线性齐次函数。量 L, M, N 不在表示式内。因此,根据前面说的一般原则,3 个量 X, Y, Z 一起必然确定一个与坐标系无关的几何图形,这就是我们说过的自由向量。同样,平面片的 3 个坐标 $\mathscr{L}, \mathscr{M}, \mathscr{N}$ 的变换与第四个坐标无关,因而它们也具有独立于坐标系的几何意义。它们代表前面说过的自由平面量。

现在通过专门的计算,找出在坐标变换 $(A_1), \cdots, (A_4)$ 下自由向量坐标 X, Y, Z 的性质。为此,由公式 (A_2),只需用 x, y, z 代替 $X' = x_1' - x_2', \cdots$ 中的 $x_1' \cdots$,立即得到下列公式:

(1) 平移

$$X' = X, Y' = Y, Z' = Z。 \qquad (B_1)$$

(2) 旋转

$$\begin{cases} X' = a_1 X + b_1 Y + c_1 Z, \\ Y' = a_2 X + b_2 Y + c_2 Z, \\ Z' = a_3 X + b_3 Y + c_3 Z。 \end{cases} \qquad (B_2)$$

(3) 反演

$$X' = -X, Y' = -Y, Z' = -Z。 \qquad (B_3)$$

(4) 长度单位的改变

$$X' = \lambda X, Y' = \lambda Y, Z' = \lambda Z。 \qquad (B_4)$$

因此,在坐标系平移时,自由向量的坐标不变;但对其他变换,它们的变换公式和点坐标的一样。

请与力偶的变换公式作比较,在线段的坐标变换公式中令 $X=Y=Z=0$,即得力偶变换公式。于是,当然有

$$X'=Y'=Z'=0。$$

而对关于新轴的旋转力矩,我们有下列公式:

(1) 平移

$$L'=L, M'=M, N'=N。 \tag{C_1}$$

(2) 旋转

$$\begin{cases} L'=a_1L+b_1M+c_1N, \\ M'=a_2L+b_2M+c_2N, \\ N'=a_3L+b_3M+c_3N。 \end{cases} \tag{C_2}$$

(3) 反演

$$L'=L, M'=M, N'=N。 \tag{C_3}$$

(4) 长度单位的变化

$$L'=\lambda^2L, M'=\lambda^2M, N'=\lambda^2N。 \tag{C_4}$$

力偶的坐标在坐标系的平移和反演下不改变,在旋转时与点坐标性质相同,当单位长度改变时它们乘以因子 λ^2,即它们有量纲指数 2(平面的量纲指数),而自由向量和点坐标一样具有量纲指数 1。

导出公式 (C_1), (C_3), (C_4) 毫无困难,或许对 (C_2) 需作某些解释。事实上,借助于公式 (A_2),有

$$L' = \begin{vmatrix} y'_1 & z'_1 \\ y'_2 & z'_2 \end{vmatrix} = \begin{vmatrix} a_2x_1+b_2y_1+c_2z_1 & a_3x_1+b_3y_1+c_3z_1 \\ a_2x_2+b_2y_2+c_2z_2 & a_3x_2+b_3y_2+c_3z_2 \end{vmatrix}。$$

如果将后一个行列式乘开,我们得到 $3 \times 3 + 3 \times 3 = 18$ 项,其中有 3 组,每组两项相抵消(例如 $a_2 x_1 \cdot a_3 x_2 - a_3 x_1 \cdot a_2 x_2, \cdots$),剩下 12 项可组合成下列行列式乘积之和:

$$L' = \begin{vmatrix} b_2 & c_2 \\ b_3 & c_3 \end{vmatrix} \cdot \begin{vmatrix} y_1 & z_1 \\ y_2 & z_2 \end{vmatrix} + \begin{vmatrix} c_2 & a_2 \\ c_3 & a_3 \end{vmatrix} \cdot \begin{vmatrix} z_1 & x_1 \\ z_2 & x_2 \end{vmatrix} + $$
$$\begin{vmatrix} a_2 & b_2 \\ a_3 & b_3 \end{vmatrix} \cdot \begin{vmatrix} x_1 & y_1 \\ x_2 & y_2 \end{vmatrix}.$$

根据(7)式,前一个因式分别等于 a_1, b_1, c_1,而后一个因式是 L, M, N。因而求出上面 L' 的公式。类似地,可得 M', N' 的另两个公式。

作为第三个图形,请考虑自由平面量。与上面的计算类似,这个计算十分简单,留给你们去完成。计算将证明,自由平面量的分量 $\mathcal{L}, \mathcal{M}, \mathcal{N}$ 在所有情况下和力偶的坐标 L, M, N 的变化情况一样。

为了清楚起见,把这些结果列入下面一个小表,它给出第一个坐标的变换,其他坐标可通过循环交替求得。

	平　移	旋　　转	反　演	单位长度改变
自由向量	X	$a_1 X + b_1 Y + c_1 Z$	$-X$	λX
力　偶	L	$a_1 L + b_1 M + c_1 N$	L	$\lambda^2 L$
自由平面量	$\mathcal{L}$	$a_1 \mathcal{L} + b_1 \mathcal{M} + c_1 \mathcal{N}$	$\mathcal{L}$	$\lambda^2 \mathcal{L}$

现在我们得到一系列几何叙述的精确基础,这些在教科书中往往不出现,或只是偶尔出现,而在其表达形式中,几何意义是不明显的。这里考虑的几何图形往往并不像我们所认为的那样,必须分析得一清二楚,结果有趣的关系完全模糊不清了。例如,甚至对潘索,力偶和自由平面量的概念从一开始就总是混在一起的。显然,这就难以理解。对我们而言,根据前述一般原则,比较上面表中最后两行

可看出,一个力偶和一个自由平面量要看作同类型的基本几何图形,因为在所有直角坐标系的变换下它们的性质是相同的。请把这段说明的含意弄清楚。如给定一个力偶 L,M,N 及一个平面量 $\mathscr{L},\mathscr{M},\mathscr{N}$,用方程 $\mathscr{L}=L,\mathscr{M}=M,\mathscr{N}=N$(或者反过来从 $\mathscr{L},\mathscr{M},\mathscr{N}$ 出发)建立起它们之间的关系,则在任何坐标变换下上列等式不受影响。因此,可不利用坐标系,作纯几何描述。为此,从平面量 $\mathscr{L},\mathscr{M},\mathscr{N}$ 出发,选取方便的坐标系,使得 $\mathscr{L}=\mathscr{M}=0$。这样,自由平面量代表在 $x\text{-}y$ 平面上或在与 $x\text{-}y$ 平面平行的平面上的一个三角形 $(1,2,3)$,且 $\mathscr{N}$ 是它的面

积的两倍,即等于平行四边形 $(1,1',2,3)$ 的面积,其符号则由环行方向 $11'2$(图 13.1)决定。现在我断言,力矩为 $\mathscr{L}=\mathscr{M}=0,N=\mathscr{N}$ 的相应的力偶,可以由平行四边形的对边 $(1,1')$ 和 $(2,3)$,以及 1 和 2 上箭头所指的力形成。为证明这一点,我仍在 $x\text{-}y$ 平面上选择

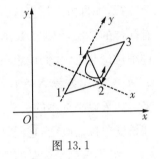

图 13.1

一个方便的坐标系,即以直线 $11'$ 为 y 轴而 x 轴则通过点 2(图 13.1 中的虚线)。于是,两个有向线段 $(1,1')$ 和 $(2,3)$ 及其所形成的力偶,有旋转力矩 $L=M=0$。而且,线段 $(1,1')$ 的第三个旋转力矩也是零,因而 N 等于 $(2,3)$ 的旋转矩

$$N=\begin{vmatrix} x_2 & y_2 \\ x_3 & y_3 \end{vmatrix}=x_2 \cdot y_3$$

(因按我们的选择,$x_2=x_3,y_2=0$)。另一方面,对坐标系的这种位置,平面的第三个坐标是

$$\mathscr{N}=\begin{vmatrix} 0 & y_1 & 1 \\ x_2 & 0 & 1 \\ x_2 & y_3 & 1 \end{vmatrix}=x_2 \cdot y_3,$$

即平行四边形的底 y_3 与高 x_2 的乘积。因此,不论从符号还是大小方面来说,都有 $N=\mathcal{N}$。这证明了我的论断。

我们可以把这个当作与坐标系无关的一般的结果:一个有确定周界方向的平行四边形所代表的自由平面,以及由此平行四边形两对边按原给方向相反的箭头指向给出的力偶是几何等价图形,即对每一个坐标系,它们的分量相同。因此,由此定理,任何时候都可用平行四边形代替力偶,或相反。

对前述表中的第二行,不必作进一步的讨论,我们将比较第一、第三行,即自由向量与自由平面量。首先指出,两者在平移与旋转下有同样的性质,但加上反射与长度单位的改变,差异就出现了。为了详细讨论起见,我们设想在熟悉的(右手)坐标系内给出一个平面量 $\mathcal{L},\mathcal{M},\mathcal{N}$,并用方程 $X=\mathcal{L},Y=\mathcal{M},Z=\mathcal{N}$ 使它同一个自由向量联系起来。如果以坐标系的运动为限,则这些方程将保持不变,但由于反射和长度单位的改变,它们将发生变化。如果希望对它们给出几何表示,不能不考虑坐标系的方向和长度单位。事实上,如果还是选择前面的坐标系,使得 $\mathcal{L}=\mathcal{M}=0$,而 $\mathcal{N}$ 等于在 x-y 平面上的平行四边形 $(1,1',2,3)$ 的面积,则图形(图 13.2)表明 $\mathcal{N}>0$,且向量 $X=Y=0,Z=\mathcal{N}$ 具有 x 轴的正方向。显然,可以把这个与坐标系的位置无关的事实叙述如下:为了在一个右手坐标系内获得一个与给定平面量的坐标相同的自由向量,我们对平面作一条法线,从

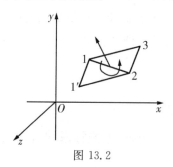

图 13.2

正向看下去,表示平面量的平行四边形的周界沿逆时针方向旋转,并在法线上画出一个等于平行四边形面积的线段。这样,不管坐标系发生平移或旋转,这个向量与平面量之间的等价性保持不变。但如

果使坐标系反演或改变单位长度,则两者不再相等。例如,用分米代表厘米测量时,面积度量要除以 100,而向量段只除以 10。在反演情况下,向量改变符号,而平面量则不变。

只有在选定了坐标系的方向和长度单位而不再改变的前提下,才能使一个自由平面量与一个自由向量完全等同。当然,每一个人可随意加上这种限制,但如果要使别人了解的话,他必须认识到他的选择的任意性。所有这些事情都是非常清楚简单的,但必须记住,由于历史的发展,今天的物理学有某些含糊的地方。因此,有必要谈谈这一段历史。

我前面强调过,1844 年发表的格拉斯曼的扩张论,由于非常难读,没有给物理学界与力学界留下什么印象。大约在同一时期,W. R. 哈密顿在都柏林的研究,却在英格兰产生了较大的影响。哈密顿是四元数的发明者[①],也是我们称为自由向量的"向量"这个词的引入者,不过他没有使用"滑动向量"这个概念,而且没有区分自由平面量和自由向量,因为他一开始就假设坐标系方向和长度单位是确定的。这种习惯说法渗入到物理学后,使得长时间内对实向量和平面量不加区分。但在深入地研究中,已逐渐产生了把统称为向量(矢量)的量按其在反演变换下的两种性质加以区分的要求。为此引入"极""轴"等词。一个极向量(极矢量)在反演时改变其符号,因此与我们的自由向量相同;一个轴向量(轴矢量)在反演时不改变其符号,因此与我们的自由平面量相同(这里不考虑量纲指数)。最终,物理学不得不承认这里存在着差别,它在某种程度上使人惊奇,但在一般叙述中还是出现了区分。不过在我们的一般处理中,从一开始就很自然地加以区分了。

---

① 见第一卷第一部分第四章 4.2,我曾在那一节进行了详细的讨论。

我们举一个例子,以澄清这个模糊的概念。电激励是一个极向量(极矢量)的说法,表示它能用 3 个量 X, Y, Z 来测度,且这 3 个量按前面表中第一行变换。而磁场强度是一个轴向量(轴矢量)的说法,则表示它的 3 个分量按表中最后一行变化。这里,我把这些分量的量纲指数问题放在一边,否则就钻到物理学的细节上去了。

除了"向量"这个词以外,哈密顿还引入了在今天物理学中同样起着重要作用的"标量"这个词。标量是在所有坐标变换下不变的简单量,即在坐标改变的情况下,本身或一点不变,或只乘上一个因子。深入下去,还可以区分标量概念中的细微差别。例如,首先考虑空间块或四面体的体积

$$T = \frac{1}{6} \begin{vmatrix} x_1 & y_1 & z_1 & 1 \\ x_2 & y_2 & z_2 & 1 \\ x_3 & y_3 & z_3 & 1 \\ x_4 & y_4 & z_4 & 1 \end{vmatrix} 。$$

通过计算很容易验明其变换如下:

变　换	平　移	旋　转	反　演	长度单位改变
变　成	T	T	$-T$	$\lambda^3 T$

这种在平移和旋转下不改变而在反射下改变的量,称为第二类标量,第一类标量则在反演时也不改变。在这个定义中,对第四列给出的量纲指数不加考虑。

很容易建立第一类标量,最简单的例子是 $X^2 + Y^2 + Z^2$(其中 X, Y, Z 是自由向量的坐标),以及 $\mathcal{L}^2 + \mathcal{M}^2 + \mathcal{N}^2$(其中 $\mathcal{L}, \mathcal{M}, \mathcal{N}$ 是自由平面量的坐标)。事实上,从第一个表及对旋转变换系数考虑方程(3)可以推出这些量在所有运动和反射(不改变长度单位)下保持不变。

因此,它们必然具有纯粹的几何意义。我们确已知道,它们代表向量长度的平方,或在相应情况下代表平面片的面积。

现在要问:如何从给定基本几何图形(向量和两类标量)的组合中获得同类的其他图形? 首先考虑一个十分简单的例子。设 T 是一个第二类标量,例如四面体体积,X,Y,Z 是一个极向量(极矢量)坐标。我们考虑 3 个量 $T \cdot X, T \cdot Y, T \cdot Z$。它们在运动下的变换情况和分量 X,Y,Z 本身一样。但在反演时,由于两个因子都改变了符号,所以它们保持不变。这 3 个量代表轴向量(轴矢量)。类似地,从轴向量(轴矢量)$\mathscr{L}, \mathscr{M}, \mathscr{N}$,可得到极向量(极矢量)$T \cdot \mathscr{L}, T \cdot \mathscr{M}, T \cdot \mathscr{N}$。

现在取两个极向量(极矢量)X_1, Y_1, Z_1 和 X_2, Y_2, Z_2,从一个纯粹的解析步骤出发,用以形成各种类型的典型组合。我们将考虑在坐标变换下这些新构成的量的性质,并由此确定它们代表何种几何量。

(1) 我们从和 $X_1 + X_2, Y_1 + Y_2, Z_1 + Z_2$ 出发。显然,它们的变化方式和向量的分量完全一样,因此,它们代表一个新的极向量(极矢量),它与给定两向量形成一个与坐标系无关的纯粹几何关系。

(2) 两向量分量的双线性组合

$$X_1 X_2 + Y_1 Y_2 + Z_1 Z_2,$$

很容易通过计算验明,它在所有运动与反射下都保持不变,因此是第一类标量,必可给出纯粹的几何定义。

(3) 由分量组成的矩阵

$$\begin{vmatrix} X_1 & Y_1 & Z_1 \\ X_2 & Y_2 & Z_2 \end{vmatrix}$$

的 3 个子行列式,不难证明,正好和一个自由平面量或一个轴向量(轴矢量)的坐标的性质一样,因而必然与给定向量相关,而与坐标无关。

(4) 最后考虑 3 个极向量(极矢量)及由其 9 个分量形成的行列式

$$\begin{vmatrix} X_1 & Y_1 & Z_1 \\ X_2 & Y_2 & Z_2 \\ X_3 & Y_3 & Z_3 \end{vmatrix}。$$

在所有运动下它保持不变,但反射时改变符号,所以它定义了一个第二类标量。

我将对这些图形做出几何解释。一旦说明结果后,只要从适当确定的坐标系出发,是不难给出证明的。

对上述(1)的解释。这里定义的两个向量和是众所周知的。如果两向量从同一点画出,则从这一点画出的由两向量组成的平行四边形的对角线代表和(力的平行四边形法则,图 13.3)。

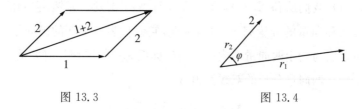

图 13.3 图 13.4

对上述(2)的解释。如果向量的长度为 r_1 和 r_2,且其方向间的夹角为 φ(图 13.4),则双线性组合是 $r_1 r_2 \cos \varphi$。

对上述(3)的解释。我们还是考虑一个平行四边形,它的边平行于向量 1 和向量 2。并设想它依次按 1 和 2 的方向环行(图 13.5),这样就得到一个完全确定的自由平面量,即上述由平行四边形的 3 个坐标确定的自由平面量,其面积的绝对值由 $r_1 \cdot r_2 |\sin \varphi|$ 给出。

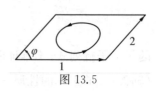

图 13.5

对上述(4)的解释。如果 3 个向量从一点出发，形成一个平行六面体的 3 条边(图 13.6)，其带有适当确定符号的体积，则等于由行列式给出的第二类标量。

现在讲一下其他文献中处理这些问题的方法。在其他文献里，通常不像我们这样，把在坐标变换下某些解析表达式的性质的研究，即不变量的合理而简单的理论放到第一位。在通常处理中，某些力学和物理学术语都是由格拉斯曼和哈密顿的术

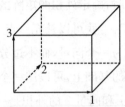

图 13.6

语演变而来的。他们习惯了所谓的向量代数、向量分析，就是从给定向量形成新向量和标量，其法则与普通数量的初等运算法则相类似。

首先指出，正如已经指出的，在第(1)点中出现的运算，可以干脆称为两向量 1 与向量 2 的相加。这样命名的合理性，在于符合普通数相加的某些形式规律，特别是交换律与结合律。按交换律，和的定义与所用两向量 1 和向量 2 的顺序无关。按结合律，向量 1、向量 2 之和同向量 3 相加，其结果与向量 1 以及向量 2 与向量 3 两者之和相加无异。第(2)点和第(3)点所确定的运算称之为相乘，则带有一定的自由性，我们分别称之为内积或标积(第(2)点)与外积或矢积(第(3)点)。事实上，由方程

$$a_1(a_2+a_3)=a_1a_2+a_1a_3$$

表示的所谓乘法对加法的分配律这一重要性质，对两者均成立。例如对内积，我们有

$$X_1(X_2+X_3)+Y_1(Y_2+Y_3)+Z_1(Z_2+Z_3)$$
$$=(X_1X_2+Y_1Y_2+Z_1Z_2)+(X_1X_3+Y_1Y_3+Z_1Z_3)。$$

对外积的这个性质可同样简单地导出。对去年冬天我在讲座中充分

讨论过的其他的乘积的形式规律,[1]我可以说乘法交换律($a \cdot b = b \cdot a$)对内积成立而对外积则不成立,因为当向量 1 和向量 2 交换时,确定外积的矩阵的子行列式改变了符号。

　　我可以补充一点,两个极向量(极矢量)的外积常被简单地定义为一个向量,而不过分强调其轴的特性。当然,在前面所述一般关系的基础上,可以用一个向量代替自由平面量,并得到下面法则:向量 1 和向量 2 的外积是一个长为 $r_1 r_2 |\sin \phi|$ 的向量 3,它垂直于向量 1 和向量 2 所在的平面,其正向使向量 1,2,3 的相互位置对应于正 x, y, z 轴的相互位置(图 13.7)。但不要忘记,这个定义本质上依赖于坐标系及长度单位。

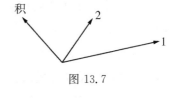

图 13.7

　　为什么这样牢牢地使用这种向量分析的语言,我不能充分理解,也许是因为许多人觉得与历史悠久的普通计算运算有这种形式上的雷同是很大的快乐。无论如何,这些向量运算的名称因普遍容忍而一直使用至今。但是,在选择这些运算,特别是各种乘法运算的确定符号上,已产生了很大的意见分歧。在前面的讲座中[2],我已经解释过,尽管做了一切努力,仍然存在着巨大的不一致。最近的罗马数学大会上成立了一个国际委员会,表示要提出统一的符号。至于委员会成员之间是否能取得任何一致,大量的数学家是否能接受委员会的建议,只能由时间来证明。舒舒服服专门躺在自己那一套上的人,除非有立法或物质利益的强制力,否则很难调和其分歧。我在这里宁可不谈向量分析的符号,否则我可能无意地又创造了一个新符号。

---

[1]　见第一卷第一部分第一章 1.2。
[2]　见第一卷第一部分第四章 4.3。

我想结束这个讨论而应强调指出，就我们的一般立场而言，普通向量分析问题仅仅是非常丰富的更一般问题中的一章。例如，滑动向量、受约束的平面量、螺旋和力系等，严格地说，都没有在向量分析中考虑。但是，为了真正理解向量代数本身的运算，实际需要采取较广泛的观点来看待。只有这样，向量代数运算中所固有的原理，即根据直角坐标各种变换下的性质而确定几何量的原理，才能得到充分的表达。至于涉及这一切问题的文献，我首先要提到我的一篇文章[①]，其中解释了一般的分类原理，并曾特别将这个原理应用于前曾提及的、罗伯特·鲍尔爵士的螺旋理论。我还要提到 H. E. 蒂默丁（H. E. Timerding）和 M. 亚伯拉罕（M. Abraham）刊载于《百科全书》上的文章（分别为：《刚体力学的几何基础》["Geometrische Grundlegung der Mechanik eines starren Körpers"]，《百科全书》第 4 卷第 2 分册，以及《变形体力学的基本几何概念》["Geometrische Grundbegriffe der Mechanik deformierbarer Körper"]，《百科全书》第 4 卷第 14 分册）。

　　[**本版附记**：不出所料，罗马建立的向量符号统一委员会没有取得丝毫成功。在随后的剑桥大会（1912 年）上，委员会成员不得不对没有完成任务做出解释，并要求将时间延长到下一次大会。那一次大会本应于 1916 年在斯德哥尔摩召开，但因战争而取消。单位及符号委员会也遭受了同样的命运。它在 1921 年公布了向量建议符号，立刻招致各方面的最强烈的反对。这个建议发表在《应用数学和力学杂志》(*Zeitschrift für angewandte Mathematik und Mechanik*) 第 1 卷（1921 年）第 421 到 422 页，反对者的评论公布在同一杂志的

---

　　① *Zeitschrift für Mathematik und Physik*，第 47 卷第 237 页及后面部分，以及《数学年刊》，第 67 卷，第 419 页。收入 F. 克莱因 *Gesammelte Mathematische Abhandlungen*，第 1 卷，第 503 页及随后部分。

第 2 卷(1922 年)。今天常用的向量运算术语有其历史来源,主要来自哈密顿四元数运算及格拉斯曼扩张论。格拉斯曼的研究难以读懂,一直不为德国物理学家所知,长期以来是少数数学家圈子里的某种深奥的学说。另一方面,哈密顿的思想主要通过麦克斯韦(J. Maxwell)进入美国物理学。但是麦克斯韦在《电磁通论》(两卷本,剑桥,1873 年)中,几乎没有例外地在向量方程中采用分量表示法。由于怕别人看不懂,他几乎不用某种特殊的符号,尽管他认为,为了许多物理思考的目的,最好避免引入坐标,应立刻把注意力引向空间点而不是它的 3 个坐标,引向力的方向和大小而不是力的 3 个分量。今天物理学家的所谓向量运算,来自电报工程师亥维赛(Heaviside)及美国学者 J. W. 吉布斯的工作。后者于 1881 年出版了《向量分析初步》一书。尽管亥维赛和吉布斯一开始是追随哈密顿的,但他们两人都把格拉斯曼的思想接了过去,用于他们的运算。向量运算和格拉斯曼的扩张论,以及哈密顿的四元数运算,是通过这两个作者的著作间接地进入德国物理学的。把向量运算引入德国物理学家圈子并仿照亥维赛写法的第一本书,是 A. 弗普尔(A. Föppl)的《麦克斯韦理论介绍》(Einführung in die Maxwell'sche Theorie),出版于 1894 年。格拉斯曼和哈密顿两人共同之点在于各自的目标都是以有向量本身进行运算,以后才过渡到分量。突出的是两人都把"积"这个词的意义一般化了。这可能是由于他们一开始就把他们的研究同两项以上复数的理论联系了起来(见本书第一卷中关于四元数的表述)。但是两人用的术语完全不同,前面已经指出,术语"线段""平面段""平面量""内积和外积"都出自格拉斯曼,而"标量""向量""标量积""向量积"出自哈密顿。格拉斯曼的弟子虽然极其正统,但也用其他一些说法代替了其导师的一部分适当的说法。现存的术语是混杂或经过修改的,用以表示单独运算的符号的使用,一直带有极大的任意性。因此，即使对于专家，在数学上如此简单的这个领域，也极度缺乏明确的术语。

本卷"平面上的格拉斯曼行列式原理"一章中所讲的原理，是扫清这种混乱的指导。据此原理，我们可以将格拉斯曼和哈密顿的理论概括如下：在《线性扩张论》中，格拉斯曼研究了属于仿射变换群[①]，且使坐标的原点保持不变的不变量理论。他这种研究是建立在他以后发表的《完备扩张论》(*Vollständige Ausdehnungslehre*)所说的旋转群的基础上的，哈密顿的《四元数》也是如此。哈密顿在这里的分析步骤是完全朴素自然的。他没有想过在正交群的选择上有任何任意性。如果一方面允许反演，即一切坐标轴在原点的反射，另一方面又认为其多余而予以排斥，那么正如已经解释过的，还会产生其他的分歧。这一切混乱情况最好用"外积(自由平面量)""向量积"及"向量"的概念来澄清。如果我们取正交变换群而排斥反演，那么就没有划清这3种量的区别。为此，格拉斯曼在《完备扩张论》一书中用向量来表示自由平面量(旋转指向的平行四边形)，他称此向量为平面量之余，完全对应于物理学家记作向量积的向量。但是如果容许反演，那么"平面量"和"向量积"就要看作是等同的几何图形，而不同于向量图形。这对应于物理学中极向量(极矢量)及轴向量(轴矢量)之间的习惯区别。如果我们现在转到仿射变换群上去，那么就不能再把格拉斯曼的自由平面量和向量积看作是同样的几何量。]

---

① 这些变换将在本卷第五部分中讨论。

第十四章　导出的位形

关于基本的几何图形，我想说的就到此为止，现在来研究由这些图形组合而成的较高级的图形。我将从历史谈起，以便使你们对各个世纪的几何发展获得一些概念。

（A）直到18世纪末，只有点被普遍地用为基本图形，其他基本图形也有出现，但未系统化。作为由点导出来的图形，也考虑了曲线和曲面，以及由不同曲线和曲面组成的图形。让我们简要地考虑一下这些图形有过怎样的变化。

（1）在初等教材，有时甚至在解析几何引论里，似乎几何的整体也仅限于直线、平面、圆锥曲线和二次曲面。当然，这是非常狭隘的观点。即使古希腊人的知识某种程度上也超过了这个范围，因为其中还包括古希腊人当作"几何轨迹"来看的某些高级曲线。不过这些内容从未进入普通的教材。

（2）约在1650年，费马和笛卡尔开创了解析几何，不妨把当时的前后知识情况作一比较。在1650年左右，学者们已把几何曲线与力学曲线区分开来，前者特别包括圆锥曲线，但也包括现在称为代数曲线的某些高级曲线；后者包括某些机械确定的曲线，例如由轮子滚动而产生的摆线。这些曲线大部分属于现在所谓的超越曲线。

（3）两类曲线都包含在稍后将定义的解析曲线范围之内，其坐标 x, y 能用参数 t 的解析函数，即 t 的幂级数来表示。

(4) 近来常常考虑非解析曲线,其坐标 $x=\varphi(t), y=\psi(t)$ 不能展开成幂级数。例如,由没有导数的连续函数定义的曲线就是这样,这里隐约存在着更一般的、把解析曲线作为特殊情形的曲线概念。

(5) 最后,通过前面讨论过的集合理论的发展,[①]一个在此以前未知的概念,即无穷点集出现了。这是含无穷多个点的一个总体、一个点的聚集,它可能不严格地形成一条曲线,但仍然由某个规律确定。如果我们希望在具体的直觉里找到某些与点集很好对应的东西,我们可以注视银河,仔细搜索,会发现越来越多的星星。这里,抽象点集理论的真实的无穷性,由数学上近似的无穷性所取代了。

在这本讲义的范围内,遗憾的是没有篇幅来更详细地叙述这些内容,特别是无穷小几何与点集理论,尽管它们同样是几何学中的重要部分。[②] 不过它们在许多专门讲义与著作中均有系统的论述,因此我只指出它们在整个几何学领域中的地位,以便留出篇幅,更充分地讨论那些其他地方不常论述的内容。

然而,我还是要解释一下解析几何与综合几何之间的区别,因为在讨论上总要涉及这种区别。按它们的原来意义,综合与解析是描述的不同方法。综合从细节着手,从而建立一般概念,最后达到更一般的概念。解析则相反,从最一般开始,分离出越来越多的细节。正是这种意义上的差别,造成了合成化学与分析化学的名称的不同。类似地,在中学几何里,我们谈几何结构的分析,总是假设已找到所需的三角形,然后把给出的问题分成若干个局部问题。

但在高等数学里,这些词却奇怪地有着完全不同的意义。综合几何为研究图形而研究图形,不求助于公式,而解析几何则前后一贯

---

① 见第一卷附录 Ⅱ。
② 第三卷将包含某些有关的内容。

地利用在适当选择坐标系后能写出来的公式。正确的理解是,按着重于图形或公式,这两类几何学只存在着程度的差别。解析几何如完全不讲几何图形,很难被称为几何学;综合几何除非用到适当的公式语言以使其结果得到精确的表达,也很难称得上是几何学。本书中,所用的处理方法表示我们已经认识到这点,因为我们一开始用公式,然后询问它们的几何意义。

但在数学中和在其他领域中一样,人们喜欢分派别,因而出现了纯粹综合学派与纯粹分析学派,他们主要强调绝对的"方法的纯粹性",因此十分片面,违背了研究对象的性质。因此,解析几何常常脱离几何图形,陷于盲目的计算。另一方面,综合几何又人为地避免一切公式,因此,除了发展其本身的一套古怪的语言公式以区别于普通公式外,最终并未带来什么。这种片面夸大若干基本原则以成其学派的倾向,造成了某种僵化的情况。发生这种情况时,各派学科的进步,主要来自"外界人士"的刺激。以几何学来说,首先弄清楚解析与非解析曲线的差别的,就是函数论的研究者,但这种差别却从未受到以上两个学派中任一派代表人物或教科书的足够重视。类似地,正如我们已经看到的那样,传播向量分析的是物理学家,虽然基本概念可以在格拉斯曼的著作里找到。即使在今天的几何教材中,向量仍很少作为独立的概念加以阐述。

不断有人建议,应该把几何当作独立的教学课程从数学中分离出来,并为了教学的方便,一般地说应该把数学分为几个科目。事实上,特别是在国外的大学里,已有几何教授、代数教授、微积分教授等之分。从以上的讨论中,我想得出推断:那样细分是不可取的。相反,有共同研究对象的各个科学分支,应容许尽可能充分地相互交叉。有关的每一个分支,原则上应看作是数学整体的代表。基于同样的想法,我赞成在数学家和各不同科学学科的代表之间进行最积极的交流。

结束离题的话,继续谈历史发展的情况。

(B) 从 1800 年开始出现所谓的新几何学,使几何研究受到了巨大冲击。今天,新几何学不如称为射影几何,因为后面将充分讨论的射影运算起到了主要作用。新几何学这个名称现在还大量使用着,但实际上是不恰当的,因为从那时起,已经出现了许多更新的发展。射影几何的第一个开拓者,我认为是 J. V. 彭赛列(Poncelet),他于 1822 年发表了《图形的射影性质》一书。

在射影几何进一步发展之初,也有综合与分析方向之别。第一类代表,我要提到德国人 J. 施泰纳(J. Steiner)和冯·施陶特(von Staudt),第二类代表除莫比乌斯外,首推普吕克。甚至今天仍有积极影响的这些人的奠基作是:施泰纳的《几何形状相互间依赖关系的分析发展》(*Systematische Entwicklung der Abhängigkeit geometrischer Gestalten von einader*),冯·施陶特的《位置几何学》(*Geometrische der Lage*),莫比乌斯的《重心的计算》,普吕克的《分析几何之发展》(*Analytisch-geometrische Eutwikelungen*)。

如果要我提出这些"新"几何学的最重要的指导原则,我想首先介绍下列思想。

(1) 我要挑选出来讲的彭赛列的主要成就,是他第一次突出了这样一个思想:存在着与点具有同等合理性的其他图形。特别是,在平面上可以选无限直线与点对照,在空间上可以将无限平面与点对照。在大量几何定理中,我们可用"线"字或"面"字代替"点"字。这就是对偶原理。

彭赛列的推导从互反的极点和极线理论或圆锥曲线极性理论出发。众所周知,每一个点 P,相对于给定的圆锥曲线,确定一条称为该点极线的直线 π,它可以定义为连接从 P 到圆锥曲线的两条切线

之切点的直线(图 14.1)。反之，
每条线 π 对应一个极点。从互反
关系可得到：如果在 π 上有一点
P'，则 P' 的极线 π' 必通过 P。从
由圆锥曲线建立起来的、平面上
点与线之间的这个一一对应关
系，加上类似地由空间二次曲面
建立起来的空间点与平面的对应

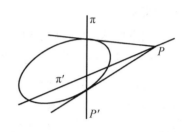

图 14.1

关系，彭赛列得出结论说，可用这种方法将所有涉及位置性质的定理
对偶化，而使点与线或点与平面相对应。一个著名的例子是可把关
于内接圆锥曲线的六边形的帕斯卡(Pascal)定理，对偶成关于圆锥
曲线外切六边形的布列安桑(Brianchon)定理。

(2) 对偶性原理的深入研究结果，使它逐渐从极性理论中分离
出来，并被承认为射影几何的一个特殊组成部分中的推论。这样美
妙的系统化，首先出现在热尔岗(Gergonne)和施泰纳的著作中。

因为以后会经常谈到这个原理，我现在先把它简单介绍一下。
对偶原理可叙述如下：在几何学的基本概念与基本定理(公理)中，空
间里的点和平面，或限于平面上的点和直线总是对称的，即公理以及
由公理通过逻辑推导出来的定理，总是成对地出现。如距离、角等
所谓初等几何的量的关系，起初并不出现在这个原理中。后面我们
会看到，这些内容是怎样补进去的。这个结构的组成如下：

(a) 3 种图形——点、(无限)直线、(无限)平面，是最简单的基
本图形。

(b) 这些基本图形之间存在着下列关系(称之为连接定理或公
理)：两点决定一直线，三不共线的点决定一平面，两平面决定一条直
线，三不共线的平面决定一点。巧妙地引入若干额外的(无穷远)元

素,可使这些公理无条件地成立。后面将介绍引入这种元素的方法。

（c）现在构造线性基本图形（即由线性方程解析地给出的图形）。

Ⅰ.第一类基本图形,各由∞^1个元素组成。

（α）在直线上的所有点:直线点域;

（β）过一直线的所有平面:平面束;

（γ）在平面上通过一点的所有直线:(平面)线束。

Ⅱ.第二类基本图形,各由∞^2个元素组成。

（α）作为点的轨迹的平面:点场;

（α'）作为线的轨迹的平面:线场;

（β）通过一固定点的平面:平面束;

（β'）通过一固定点的直线:直线束。

Ⅲ.第三类基本图形,各由∞^3个元素组成。

（α）作为点的轨迹的空间:点的空间;

（β）作为平面的轨迹的空间:平面的空间。

在这个结构里,到处出现完全的对偶性。如果利用给出的基本元素,我们一方面从点出发,另一方面从线(如果关心的是平面几何)或从平面(如果考虑的是空间几何)出发,则可以用两个相互对偶的方法建立起整个射影几何结构。

（3）如果遵循解析方法,为此而首先问对偶原理在普吕克理论中的出现形式,那么可以用另一种方便的方法把这个结构表示出来。如果常数项不是零,可将平面中的直线方程写成

$$ux+vy+1=0。$$

知道了系数u,v的值,也就确定了这条直线,这些值与流动坐标x,y以对称的形式出现。普吕克的想法是,把u,v当作"直线的坐标",它们与点坐标x,y的地位是平等的,而且有时可代替x,y当作变量。从这个新观点出发,x,y具有固定值,该方程则表达一条变直线通过

固定点的条件:这个点在直线坐标下的方程。最后,在所用表达式的形式下,没有必要指明它表示哪一个图形。这些量中哪一对当作常量,哪一对当作变量,可以完全不确定。于是这个方程所表达的是点与线的"联合位置"的条件。对偶原理即为:每一个方程中,以 x,y 为一方,以 u,v 为另一方,是完全对称的。上面关于连接性公理所固有的对偶性等,都依赖于这个性质。

在空间中,直线方程当然由平面方程

$$ux+vy+wz+1=0$$

所代替。

根据这些讨论,把 x,y,z 或 u,v,w 当作基本变量,并相应地把点和平面两个词互换,就可解析地发展几何。这样也就出现了大家所熟悉的几何学的两个方向的发展,很多教材中对这一点都有所强调,同一页上会并列出现对偶的定理,中间用垂直线分开。请稍微看一下用这个方法导出的高级图形,总是以对偶形式出现,在某种意义上,这些就是上面对偶线性图形的进一步发展。

首先把 x,y,z 当作参数 t 的、确定的、非常数的函数 ϕ,χ,ψ。于是,这 3 个函数代表一条空间曲线,特殊情形下(当 ϕ,χ,ψ 恒等地满足一个常系数线性方程时)可以是一条平面曲线,或甚至(当它们满足两个这种线性方程时)退化成一条直线。同样,考虑 u,v,w 为 t 的函数,我们得到一个单重无穷的平面族,可以十分方便地把它当作可展曲面的切平面。作为特殊情形,以第一种情形来说,所有平面通过一点,即形成一个锥面的包络。以第二种情形来说,所有平面都经过一条固定的直线。

其次,如果把 x,y,z 当作两个参数 t 和 t' 的函数,则得到一个曲面,在特殊情形下,可以退化成一个平面。它的对偶是包围一个曲面的双重无穷个平面,它可能退化成过一点的平面束。

兹将结果列表如下:

$$
\begin{array}{ll}
x=\phi(t) & \text{曲 线} \\
y=\chi(t) & \text{(平面曲线)} \\
z=\psi(t) & \text{(直线)}
\end{array}
\qquad
\begin{array}{ll}
u=\phi(t) & \text{可展曲面} \\
v=\chi(t) & \text{(圆锥面)} \\
w=\psi(t) & \text{(直线)}
\end{array}
$$

$$
\begin{array}{ll}
x=\phi(t,t') & \text{曲 面} \\
y=\chi(t,t') & \\
z=\psi(t,t') & \text{(平面)}
\end{array}
\qquad
\begin{array}{ll}
u=\phi(t,t') & \text{曲 面} \\
v=\chi(t,t') & \\
w=\psi(t,t') & \text{(点)}
\end{array}
$$

这足以作为对偶方式的一个例子。

(4) 甚至在普吕克的研究里,这整个课题的内容,也得到了重大的扩充。正如他把平面方程的 3 个系数当作可变的平面坐标一样,他也曾设想把任何几何图形一般所依赖的若干常量(如二次曲面方程的 9 个系数)当作这个图形的可变坐标,并研究了可变坐标之间的方程。当然,不能再谈真正意义上的"对偶性",因为对偶性依赖于平面方程和直线方程中系数与坐标对称出现的这个特殊性质。

普吕克自己用上述思想特别研究了空间中的直线,一条空间直线以点坐标的两个方程给出,普吕克将之写成形式

$$x=rz+\rho,\; y=sz+\sigma。$$

这些方程中的 4 个参量 r,s,ρ,σ 被称为空间的直线坐标。不难指明,它们与前面根据格拉斯曼原理从直线上的两点导出的 6 个比 $X:Y:\cdots:N$ 是相关的。普吕克现在考虑这 4 个坐标之间的一个方程 $f(r,s,\rho,\sigma)=0$,它从空间的四重无穷个直线中分离出三重无穷个直线,普吕克称之为直线丛。我们以前谈过这个流形中的最简单情况:线性丛。两个方程

$$f(r,s,\rho,\sigma)=0, g(r,s,\rho,\sigma)=0$$

确定了也被称为射线系的一个线汇。后一名称表示我们所关心的,是两个线丛 $f=0,g=0$ 所共有的那些直线。最后,3 个同类方程 $f=g=h=0$ 决定了一个单无穷个直线族,这个直线族覆盖了某个直线曲面。

普吕克在 1868—1869 年名为《以直线作为空间元素的新空间几何学》(*Neue Geometrie des Raumes, gegründet auf die Betrachtung der geraden Linie als Raumelement*)[1]的书中作了这样的表述。该书第一部分快印完的时候他去世了,我作为他的助手,有幸获得编辑第二部分的机会。

普吕克把任何图形当作一个空间元素,并把它的常数当作坐标的一般原则,后来又引起其他一些有意义的发展。例如,曾在莱比锡工作多年的著名挪威数学家索菲斯·李(Sophus Lie),在他的球面几何方面取得了巨大的成就。他把空间元素看作像直线一样依赖于4 个参数的球。其次,我要提到后一时期施图迪的《动力几何学》(*Geometrie der Dynamen*)[2],这种性质的一系列有趣的研究都和我们已经讨论过的"动力坐标"有关。

(C) 刚才讨论的"新几何学",主要着重把无限直线和无限平面当作空间元素来对待。但是,格拉斯曼自 1844 年起进行的研究,又超过了这个范围。他突出了有限直线段、平面片、空间块,并按他的行列式原则对它们指定了分量。这一次,我们已经彻底讨论过了。其精彩之处在于,它很适应力学与物理学的需要,对这两个学科的作用远远超过直线几何与对偶原理(这是举例来说)。

当然,在讨论每一个分支的时候,为了使你们得到一个更明确的

---

[1]　第一及第二部分,莱比锡,1868 年及 1869 年。
[2]　莱比锡,1903 年。

印象,我把以上这些不同方向的发展分开来讲了,其实它们彼此绝没有明确的界限。事实是:普吕克更着重于无限直线,而格拉斯曼更着重于线段,但其他图形有时也在他们的研究范围内出现。

不过,我必须强调,格拉斯曼绝不是只限于研究可以直接应用的方面。他自由发挥他的创造直觉,使他的研究范围远远超过这个界限。他的最重要贡献是:他引出 n 个点坐标 $x_1, x_2, \cdots, x_n$ 的一般概念,取代了 3 个坐标 x, y, z,因而成了 n 维空间 R_n 几何学的真正创造者。他遵循他的一般原则,考虑了这样一个较高维的空间,考虑了 $2, 3, \cdots, n+1$ 点坐标的矩阵及其余子式,给出了 R_n 中对应于线段、平面片的一系列基本图形。我曾经说过,格拉斯曼称这样创造出来的一个抽象学科为扩张理论。

现在,R_n 的概念已推广到无穷多个坐标 $x_1, x_2, \cdots$,所以已经有无限维空间 R_∞ 之说了。大家不妨想一下无穷级数的运算:一个幂级数被它的无穷多个系数总体所确定,就这个范围而言,幂级数可作为 R_∞ 中一个点来表示。

由此可知,无限维 R_∞ 空间这个概念并不是言之无物。这里值得注意的是,从几何上去谈 n 个甚至无穷个变量,这种方法已被证明是有实用意义的。有了这种说法,讨论起来就要比抽象的解析表达法生动得多。学生很快就掌握了这种新几何表示的运用,仿佛真的十分善于处理 R_n 和 R_∞。在这个现象的后面有几分真理?人们思维的发展一般限于二维或三维空间中的经验,新的概念是否是思维的自然产物?这是要由心理学家和哲学家来判定的问题。

言归正传,我想稍微仔细讨论一下高维位形,它作为格拉斯曼基本位形的组合,特别是向量的组合,可以和我们曾讨论过的点、平面等等的组合并列。这里,我们进入了实向量分析的进一步研究。由于哈密顿的功劳,这已成为力学和物理学中最有用的工具之一。我向你们推荐哈密顿的《四元数基础》,以及前已提及的杰出的美国数学家吉布斯的《向量分析》[①]。

除了我们已熟悉的向量与标量概念外,这里还要加一个新概念,就是这些量与空间的点的联系。对空间的每一个点,我们指定一个确定的标量 $S=f(x,y,z)$,于是我们说形成一个标量场。另一方面,对空间每一个点,我们附以一个确定的向量

$$X=\phi(x,y,z), Y=\psi(x,y,z), Z=\chi(x,y,z),$$

并称这些向量的总体为一个向量场。

以这种方法,引出了现代物理学中处处都用到的两个最重要的几何概念。其广泛应用的例子很多,只要回忆几个就够了。始终被当作位置函数看的质量分布密度、温度和一个连续延展体系的势能,都是标量场的例子。在每一点有一个确定的力作用的力场,是向量场的典型例子。我还可以补充下列例子。在弹性理论中,当我们对变形体的每一点指定一个表明该处位移的大小与方向的有向线段时,就有一个变形体的位移场,它也是一个向量场。类似地,流体动力学中的速度场,电动力学中对每一点指定一个确定的电向量(电矢量)与磁向量(磁矢量)的电磁场,都是向量场的例子。因为在电磁场中每一个点上都可以把轴性的磁场强度向量和电场强度的极向量(极矢量)结合而成一个螺旋,所以电磁场也可以作为一个螺旋场的例子。

哈密顿曾说明,怎样以最简单的方式把微积分学方法应用于这些场中。为此,关键是要说明,空间一点的位移方向由微分 dx, dy, dz 的比例确定,微分 dx, dy, dz 代表一个自由向量,即它们在坐标变换下的性质和自由向量的分量一样。它们是通过点 x, y, z 的一个

---

① E. B. 威尔逊(E. B. Wilson)编辑,纽约,1901 年。

小线段的坐标过渡到极限而产生的,由此不难推出上述道理。

更为重要但也较难掌握的是第二点,即偏微分符号

$$\frac{\partial}{\partial x}, \frac{\partial}{\partial y}, \frac{\partial}{\partial z}$$

也具有自由向量的分量的特性,即如转到一个新的直角坐标系 x', y', z',新符号$\frac{\partial}{\partial x'}, \frac{\partial}{\partial y'}, \frac{\partial}{\partial z'}$相对于原符号的性质与一个向量(特别是一个极向量[极矢量])的坐标变换性质一样。

如果用坐标系的旋转

$$\begin{cases} x'=a_1 x+b_1 y+c_1 z, \\ y'=a_2 x+b_2 y+c_2 z, \\ z'=a_3 x+b_3 y+c_3 z \end{cases} \tag{1}$$

就马上明白了。以前已指出过,这些旋转公式具有这样的特性,只要对其中系数进行行与列的交换,即可求得它们的解

$$\begin{cases} x=a_1 x'+a_2 y'+a_3 z', \\ y=b_1 x'+b_2 y'+b_3 z', \\ z=c_1 x'+c_2 y'+c_3 z'. \end{cases} \tag{2}$$

如果我们有 x, y, z 的任一函数,通过(2)式,我们可将其表示为 x', y', z'的函数。据已知的微分法则,我们有

$$\frac{\partial}{\partial x'}=\frac{\partial}{\partial x}\cdot\frac{\partial x}{\partial x'}+\frac{\partial}{\partial y}\cdot\frac{\partial y}{\partial x'}+\frac{\partial}{\partial z}\cdot\frac{\partial z}{\partial x'},$$

$$\frac{\partial}{\partial y'}=\frac{\partial}{\partial x}\cdot\frac{\partial x}{\partial y'}+\frac{\partial}{\partial y}\cdot\frac{\partial y}{\partial y'}+\frac{\partial}{\partial z}\cdot\frac{\partial z}{\partial y'},$$

$$\frac{\partial}{\partial z'}=\frac{\partial}{\partial x}\cdot\frac{\partial x}{\partial z'}+\frac{\partial}{\partial y}\cdot\frac{\partial y}{\partial z'}+\frac{\partial}{\partial z}\cdot\frac{\partial z}{\partial z'}.$$

从(2)式立即可得 x, y, x 对 x', y', z'的导数,于是有

$$\frac{\partial}{\partial x'}=a_1\frac{\partial}{\partial x}+b_1\frac{\partial}{\partial y}+c_1\frac{\partial}{\partial z},$$

$$\frac{\partial}{\partial y'} = a_2 \frac{\partial}{\partial x} + b_2 \frac{\partial}{\partial y} + c_2 \frac{\partial}{\partial z},$$

$$\frac{\partial}{\partial x'} = a_3 \frac{\partial}{\partial x} + b_3 \frac{\partial}{\partial y} + c_3 \frac{\partial}{\partial z}。$$

和(1)式相比较,表明它与点坐标变换公式一致,因此与向量分量的变换公式一致。

还有一个简单得多的计算也可以证明,在坐标系平移时,3 个符号 $\frac{\partial}{\partial x}$,$\frac{\partial}{\partial y}$,$\frac{\partial}{\partial z}$ 不改变,但在反演变换下改变符号,于是上述性质得证。说实在的,我们没有考虑长度单位改变时的情况,没有考虑量纲指数。如果加以计算,我们会发现偏微分符号的量纲指数为 -1,因为坐标的微分在分母中出现。

我们现在用哈密顿向量算符 $\left(\frac{\partial}{\partial x}, \frac{\partial}{\partial y}, \frac{\partial}{\partial z}\right)$ 进行前边用向量所进行的那些运算。首先要指出,算符 $\frac{\partial}{\partial x}$ 作用在函数 $f(x,y,z)$ 上的运算结果,即 $\frac{\partial f}{\partial x}$ 可以用符号形式称为 $\frac{\partial}{\partial x}$ 与 f 的乘积,因为就这里所涉及的乘法的形式规律,特别是分配律

$$\frac{\partial(f+g)}{\partial x} = \frac{\partial f}{\partial x} + \frac{\partial g}{\partial x}$$

而论,对这种乘积是成立的。

现在,设给出一个标量场 $S = f(x,y,z)$,用哈密顿算符的分量按刚才说明的意义乘这个标量,即设我们形成向量

$$\frac{\partial f}{\partial x}, \frac{\partial f}{\partial y}, \frac{\partial f}{\partial z}。$$

前面我们已看到,一个标量乘以一个向量仍是一个向量。因为在这个定理的证明中只用到我们的算符乘法所保持的那种乘法性质,于

是推出,这个标量场的 3 个偏导数确定了一个依赖于 x, y, z 的向量,因此是一个向量场。这个标量场与向量场之间的联系与坐标系的选择无关。将向量的符号改变后,借用气象学的术语,这个向量场称为标量场的梯度。因此,在报纸上常见的气象图里,每一点的空气压力用一个标量场 S 表示,画出了 $S=$ 常量的曲线,并标上对应的 S 值。于是,梯度给出了气压下降最快的方向,并始终垂直于这些曲线。

由于向量分量 X, Y, Z 总能形成一个标量 $X^2 + Y^2 + Z^2$,因此,从标量的梯度可以得到一个新的标量场

$$\left(\frac{\partial f}{\partial x}\right)^2 + \left(\frac{\partial f}{\partial y}\right)^2 + \left(\frac{\partial f}{\partial z}\right)^2。$$

它必然以一种和坐标系无关的方式与梯度,从而与原来的标量场相联系。此标量等于梯度的长度的平方,或称为标量场 f 的斜率的平方。

应用同样的原则,使每个分量象征性地自乘,即施以两次同样的运算,就可从向量算符 $\frac{\partial}{\partial x}, \frac{\partial}{\partial y}, \frac{\partial}{\partial z}$ 得到一个算符标量,这样产生了运算

$$\frac{\partial^2}{\partial x^2} + \frac{\partial^2}{\partial y^2} + \frac{\partial^2}{\partial z^2}。$$

因而,它具有标量的特性,即它在坐标变换下是不变量。如果用这个标量乘以标量场 f,必然又得到一个标量场

$$\frac{\partial^2 f}{\partial x^2} + \frac{\partial^2 f}{\partial y^2} + \frac{\partial^2 f}{\partial z^2},$$

它与前者的关系是独立于坐标系的。如果设想一个流体在一个场里流动,其初始密度为 1,其在每一点的速度由 f 的梯度给出,则在第

一个瞬时 df，每点密度的增加等于这个标量乘以 dt。因此，我们称

$$-\left(\frac{\partial^2 f}{\partial x^2}+\frac{\partial^2 f}{\partial y^2}+\frac{\partial^2 f}{\partial z^2}\right)$$

为 f 的梯度的散度。

以前，按拉梅(Lamé)的习惯，常称一个标量场 $S=f(x,y,z)$ 为一个点函数，而称与它相联系的第一个标量场 $\left(\frac{\partial f}{\partial x}\right)^2+\left(\frac{\partial f}{\partial y}\right)^2+\left(\frac{\partial f}{\partial z}\right)^2$ 为第一微分参数，称另一标量场 $\left(\frac{\partial^2 f}{\partial x^2}+\frac{\partial^2 f}{\partial y^2}+\frac{\partial^2 f}{\partial z^2}\right)$ 为第二微分参数。

用类似的方法，现在把我们的向量算符与一个给定的(极性)向量场

$$X=\phi(x,y,x),Y=\chi(x,y,z),Z=\psi(x,y,z)$$

联系起来。当然，我们会用已建立的两个向量的两类乘法来实现这一点。

(a) 通过内积得到一个标量，用已熟悉的算符乘法记号，可将其写成

$$\frac{\partial X}{\partial x}+\frac{\partial Y}{\partial y}+\frac{\partial Z}{\partial z}。$$

因为这个结果当然也依赖于 x,y,z，所以它也代表一个标量场，它和原给的向量场的关系与坐标系无关。按上面已确定的定义，称为这个向量场的散度。

(b) 通过外积得到矩阵

$$\begin{pmatrix}\frac{\partial}{\partial x} & \frac{\partial}{\partial y} & \frac{\partial}{\partial z} \\ X & Y & Z\end{pmatrix}。$$

它的 3 个行列式为

$$\frac{\partial Z}{\partial y}-\frac{\partial Y}{\partial z},\frac{\partial X}{\partial z}-\frac{\partial Z}{\partial x},\frac{\partial Y}{\partial x}-\frac{\partial X}{\partial y}。$$

按前面的说明,这些行列式定义了一个平面量,或在相应情况下定义了一个轴向量(轴矢量)或一个轴向量(轴矢量)场。这两个向量场之间的关系,仍与坐标系的选择无关。按麦克斯韦的定义,这个场称为原来场的旋度。

通过系统的几何研究,我们得到了物理学家在各种向量场的研究中必须用到的各种量。但我们所研究的是纯粹几何学。我必须再三强调,是因为这些内容常常被认为属于物理学的范围,因而是物理书或物理课上讨论的,而不是几何学的讨论内容。其实这种态度是完全没有理由的,只能当作历史发展的残渣才能理解。时机成熟时,物理学就不得不创造它所需要的,而又不能从数学那里随手拿来的工具。

这里也存在着我在分析里常常提及的同样的误解。随着时间的推移,物理学提及了各种各样需要数学来解决的问题,因此常常为数学创造宝贵的刺激。但时至今日,数学的教学,特别是中学数学的教学,对这个变化仍未注意。它还是照多少个世纪以来所遵循的老规矩办,让物理学费劲地自己来解决自己的工具问题,尽管这些问题可以为数学教学提供比传统课题合适得多的材料。你们看到,在知识界也存在惯性定律,一切都沿旧的直线轨道移动,一切改变,一切向新的与现代方法的过渡,都遇到强大的阻力。

第一部分的主要内容就到此为止,这一部分已讲了各类几何流形、几何对象。下面将讨论一个特殊的几何方法,它对这些流形的更精确的研究具有十分重大的意义。

第五部分　几何变换

现在我们要讲的是科学的几何学中最重要的一个章节。我要在这里特别指出的是,这一章的基本思想和较简单的部分可以为中学教学提供十分有益的材料。可以说,几何变换无非是简单的函数概念的推广,而后者正是现代数学教改运动所力图推行的中心内容。

我的讨论从组成几何变换的最简单一类的点变换开始。点的变换使点保持为空间元素,即变换使每个点变成对应的另外的点,而其他变换则把点变成直线、平面、球等其他空间元素。这里,又要把解析方法放到第一位,因为我们常常能用解析方法对事实做出表述。

点变换的表达式是分析中所谓新变量 x', y', z' 的引入:

$$\begin{cases} x' = \varphi(x, y, z), \\ y' = \chi(x, y, z), \\ z' = \psi(x, y, z)。 \end{cases}$$

我们可以用两种几何方式解释这个方程组,又可以称之为主动的和被动的方式。被动方程组,表示坐标系的一个改变,即对具有给定坐标 x, y, z 的一个点,指定新的坐标 x', y', z'。在讨论直角坐标系的变换时,我们已经了解了这个意思。对一般函数 φ, χ, ψ 而言,这些公式当然包含更多其他类型的坐标系的变换。例如三线坐标、极坐标、椭圆坐标的变换等。

与此相反,主动,解释为保持坐标系固定而改变空间。对每个点 x, y, z,令点 x', y', z' 与之对应,因而事实上是一个空间变换。今后我们将采用这个概念。

如果再考虑以前代表平移、旋转、反射或长度单位改变的 4 组公式(按被动意义,参阅第一部分,第二章第三节),而现在用主动意义来解释它们,那就得到点变换的第一批例子。不难看到,前两组公式,相对于不可移动的坐标系,分别代表空间(想象为刚体)的平移和

绕点 O 的旋转。第三组公式,给出空间点对原点 O 的反演(相对于 O,每点 x, y, z 变为与它对称的点$-x, -y, -z$,见图 1)。

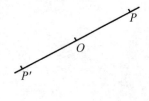

图 1

最后一组公式表示以 O 为中心的空间的相似变换。

我们现在从一组特别简单的点变换,即所谓仿射变换开始进行研究,这一组变换把前述一切情形皆作为特例包括在内。

第十五章　仿射变换

当 x', y', z' 是 x, y, z 的线性整函数时,就解析地定义了一个仿射变换

$$\begin{cases} x' = a_1 x + b_1 y + c_1 z + d_1, \\ y' = a_2 x + b_2 y + c_2 z + d_2, \\ z' = a_3 x + b_3 y + c_3 z + d_3. \end{cases} \tag{1}$$

这个名字起源于莫比乌斯和欧拉,意味着在这样的变换中,无穷远点仍对应于无穷远点。于是,在某种意义下,空间的"末端"保持不变。事实上,这些公式立即表明,x', y', z' 与 x, y, z 一起变为无穷。后面要讨论的一般射影变换则相反,那里 x', y', x' 是分式线性函数,因而某些有限点将变到无穷。仿射变换在物理学中以"各向同性变形"的名称起着重要作用。"各向同性"(与各向异性相比)意味着系数与所考虑的空间内的位置无关。"变形"告诉我们,任何物体的形状一般通过变换会改变。

变换(1)包括:平行于 3 个坐标轴移动 d_1, d_2, d_3 的平移,加上保持坐标原点不变的齐次线性变换(中心仿射变换)

$$\begin{cases} x' = a_1 x + b_1 y + c_1 z, \\ y' = a_2 x + b_2 y + c_2 z, \\ z' = a_3 x + b_3 y + c_3 z. \end{cases} \tag{2}$$

这一变换更便于运用。我们从对方程组(2)的考虑开始。

1. 我们考虑解方程组(2)的可能性。正如行列式理论所表明的,关键在于变换系数组成的行列式

$$\Delta = \begin{vmatrix} a_1 & b_1 & c_1 \\ a_2 & b_2 & c_2 \\ a_3 & b_3 & c_3 \end{vmatrix} \tag{3}$$

是否为零。后面我们再考虑 $\Delta = 0$ 的情况,现在将假设 $\Delta \neq 0$,于是(2)式具有形式为

$$\begin{cases} x = a_1' x' + b_1' y' + c_1' z', \\ y = a_2' x' + b_2' y' + c_2' z', \\ z = a_3' x' + b_3' y' + c_3' z' \end{cases} \tag{4}$$

的唯一解,其中 $a_1', \cdots, c_3'$ 是 Δ 的余子式除以 Δ 自身之后的值。因此,每点 x, y, z,可以说不仅对应一点 x', y', z',而且只对应这一点,而从 x', y', z' 到 x, y, z 的变换也是仿射变换。

2. 我们现在问,空间位形在这些仿射变换下的情况如何? 我们先考虑平面

$$Ax + By + Cz + D = 0。$$

将(4)式的 x, y, z 代入其中,作为对应位形的方程,我们得

$$A'x' + B'y' + C'z' + D' = 0,$$

其中 $A', \cdots, D'$ 是变换系数和 $A, \cdots, D$ 的某些组合,根据(1)式,我们看到第二个平面上的每一个点从第一个平面上的一个适当点产生。因此,每一个平面对应于另一个平面。因直线是两平面的交线,故必然得出每条直线对应另一条直线。莫比乌斯称这种性质的变换为共线变换,因为它们表达了 3 个点的"共线性",即位于一条直线的性

质。因此,仿射变换是共线性的。

如果用同样的方法研究二次曲面

$$Ax^2 + 2Bxy + Cy^2 + \cdots = 0,$$

将方程组(4)的 x, y, z 代入,我们得到一个二次方程。因此,仿射变换将每个二次曲面变成另一同类曲面。同样地,将 n 次曲面变成另一个同次曲面。

以后,我们会对那些对应于球面的曲面表现出特别的兴趣。首先,它们应是二次曲面,因为球面是这一类中的特殊曲面。但因球面上所有点都是有限区域内的,所以它们当中没有点能变换至无穷远,变换后的曲面必然是整个处于有限区域内的二次曲面,即必须是椭球面。

3. 我们看看具有分量 $X = x_1 - x_2, Y = y_1 - y_2, Z = z_1 - z_2$ 的自由向量将发生怎样的变化。将(2)式用于点 1 和点 2 的坐标,对于相应线段 $1'2'$ 的分量 $X' = x_1' - x_2', Y' = y_1' - y_2', Z' = z_1' - z_2'$,我们有

$$\begin{cases} X' = a_1 X + b_1 Y + c_1 Z, \\ Y' = a_2 X + b_2 Y + c_2 Z, \\ Z' = a_3 X + b_3 Y + c_3 Z_o \end{cases} \tag{5}$$

由此可知,这些新分量只依赖于 X, Y, Z,而不依赖于坐标 x_1, y_1, z_1, x_2, y_2, z_2 的个别值,即所有具有同样分量 X, Y, Z 的线段 12,对应于具有同样分量 X', Y', Z' 的线段 $1'2'$。换句话说,仿射变换将自由向量变成另一个自由向量。这个结论的内容比一条直线总对应另一条直线的结论要丰富。设我们在两条平行线上取具有同样正向的两相等线段。由于这些线段代表同样的自由向量,因此对应的两线段必然表示一个同样的向量,即必平行、相等并有同样的方向(图 15.1)。每个平行线族仍对应于平行线族,而其上的相等线段,对应于相等线

段。这些性质是很重要的,因为不难指出,一般情况下,仿射变换会改变线段的绝对长度和两直线间的交角。

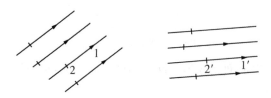

图 15.1

4. 让我们考虑在同一条直线上不等长的两个向量。乘以标量后,其中之一可以变为另一个向量。因为(5)式中的 X', Y', Z' 是 X, Y, Z 的齐次线性函数。对应的两向量将相差同样的一个标量因子,这表明它们之间的长度关系和原来两向量的一样。我们可以将这一点叙述如下:在一个仿射变换下,对应的两条直线是"相似"的,即在两条直线上对应的线段有相同比值。

5. 最后比较两个四面体的体积 $T = (1, 2, 3, 4)$ 和 $T' = (1', 2', 3', 4')$。我们有

$$6T' = \begin{vmatrix} x_1' & y_1' & z_1' & 1 \\ x_2' & y_2' & z_2' & 1 \\ x_3' & y_3' & z_3' & 1 \\ x_4' & y_4' & z_4' & 1 \end{vmatrix}$$

$$= \begin{vmatrix} a_1 x_1 + b_1 y_1 + c_1 z_1 & a_2 x_1 + b_2 y_1 + c_2 z_1 & a_3 x_1 + b_3 y_1 + c_3 z_1 & 1 \\ a_1 x_2 + b_1 y_2 + c_1 z_2 & a_2 x_2 + b_2 y_2 + c_2 z_2 & a_3 x_2 + b_3 y_2 + c_3 z_2 & 1 \\ a_1 x_3 + b_1 y_3 + c_1 z_3 & a_2 x_3 + b_2 y_3 + c_2 z_3 & a_3 x_3 + b_3 y_3 + c_3 z_3 & 1 \\ a_1 x_4 + b_1 y_4 + c_1 z_4 & a_2 x_4 + b_2 y_4 + c_2 z_4 & a_3 x_4 + b_3 y_4 + c_3 z_4 & 1 \end{vmatrix},$$

或应用已知的行列式相乘的定理,有

$$6T' = \begin{vmatrix} a_1 & b_1 & c_1 & 0 \\ a_2 & b_2 & c_2 & 0 \\ a_3 & b_3 & c_3 & 0 \\ 0 & 0 & 0 & 1 \end{vmatrix} \cdot \begin{vmatrix} x_1 & y_1 & z_1 & 1 \\ x_2 & y_2 & z_2 & 1 \\ x_3 & y_3 & z_3 & 1 \\ x_4 & y_4 & z_4 & 1 \end{vmatrix} 。$$

第一个因子是 Δ,第二个是 $6T$,故有 $T' = \Delta \cdot T$。在仿射变换下,所有四面体体积,从而所有空间体积(作为四面体体积之和或此和之极限),变为乘以变换行列式 Δ 这个常数因子。

这几个从仿射变换的解析定义推出来的定理,足以使我们对这种变换获得一个清晰的几何概念。它们的证明比通常给出的要简单,因为我们从向量概念中已获得适当的表达手段。

如果从坐标 x, y, z 的空间 R 内的球面出发,则可对仿射变换获得一个最清晰的概念。正如我们已经知道,这个球永远对应于坐标 x', y', z' 的空间 R' 内的一个椭球。如果考虑球内的一个平行弦族,则根据第

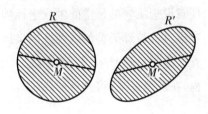

图 15.2

3 点,它们将对应于椭球的平行弦族(图 15.2)。又因对应的直线是相似的(根据第 4 点),故球弦的中点必然对应于椭球弦的中点。因为球的弦族的中点在一个平面上,故按照第 2 点的基本性质,椭球弦的各中点必然也在一个平面上,我们称之为椭球的一个直径平面。现在,球的所有直径平面包含其中心 M,它平分通过它的每个球的弦(球的直径),因此,对应的 M'(椭球的中心)位于每一个直径平面并平分通过它的每条弦(椭球的直径)。

注意,什么对应于球的 3 个互相垂直的直径平面系,也是很重要的。这个平面系显然有着这样的特性,即 3 个平面中每一个平分平

行于另两平面交线的弦。这个性质在仿射变换下仍得以保持。因此,球面的无穷多组 3 个互相垂直的直径平面,每一组都对应于椭球的 3 个直径平面,使得平行于其中两平面交线的弦被第 3 个平面平分。这样的平面组称为 3 个共轭直径平面,它们的交线称为 3 条共轭直径。

我假设你们已经知道一个椭球包含有 3 条所谓主轴,即 3 条互相垂直的共轭直径。根据前述,空间 R 内球面必然有 3 条彼此垂直的直径,在仿射变换下对应于它们。为简单起见,设椭球与球的中心分别为 R' 和 R 的原点,通过适当旋转,使这两组互相垂直的直径分别为空间 R' 中的 x', y', z' 轴和空间 R 中的 x, y, z 轴。至于这里可任意设想旋转的是空间轴或坐标轴,在任一情况下,这个过程受我们考虑过的特殊类型的线性齐次坐标变换的影响。由于接连几个线性齐次变换总是产生同类型的另一变换,因此将 R 变成 R' 的变换方程,在新坐标下,将具有形式(2):

$$\begin{cases} x'=a_1 x+b_1 y+c_1 z, \\ y'=a_2 x+b_2 y+c_2 z, \\ z'=a_3 x+b_3 y+c_3 x。 \end{cases}$$

在这样选择新坐标系中,x' 轴对应于 x 轴,即当 $y=z=0$ 时,也有 $y'=z'=0$。由此推出 $a_2=a_3=0$,同理可得 $b_1=b_3=c_1=c_2=0$。如果不考虑附带的旋转,则每个仿射变换就是所谓的"纯粹仿射变换"

$$\begin{cases} x'=\lambda x, \\ y'=\mu y, \quad \text{其中 } \Delta \lessgtr 0, \\ z'=\nu z, \end{cases} \tag{6}$$

或按物理学家的说法,是一个纯应变。我们可用下列简单方法对这

些方程做出几种解释:空间沿平行于 x 轴方向被拉长 λ 倍(如 $|\lambda|<$ 1,则为压缩),如 $\lambda<0$,则加上对 x 轴的反射;对其他两个坐标方向,则分别为 μ 倍和 ν 倍。简言之,我们可以把一个纯仿射变换当作空间沿 3 个互相垂直的方向均匀拉伸。这就是最清楚的一个几何解释。

　　如果可用倾斜的平行坐标轴,这些关系就更为简单。在空间 R 任取一直角或斜角的坐标轴 x,y,z,不改变原点的位置,我们选用对应于它们的线为 R' 内的轴 x',y',z'。新轴一般是斜的,具有固定原点的、从直角坐标变换成斜角坐标的变换公式,是(2)式的线性齐次方程。由于两个这样变换的组合仍是同类的变换,因此即使应用上述斜角坐标系,仿射变换的方程必然具有(2)式。但在我们所选的坐标轴下,它们必然把 R 的 3 个轴变换为 R' 的那 3 个轴。在重复上面的讨论后,可以得出结论:方程组实际上化为(6)式。因此,如果把两个对应的 3 条轴选用各自的(斜)平行坐标系的轴,仿射变换的方程具有简单的特殊(6)式。

　　与我们的讨论相关的一个问题,就是要找一个能进行仿射变换的机械装置。这个问题是我在 1908—1909 年冬讲授力学课时提出来的,后来找到了一个漂亮的解决方案。最好的方案是 R. 雷马克(R. Remak)的方案,他既考虑了基本思想,又考虑这部机械装置的适当形式。他利用一种所谓"纽伦堡剪刀串"(Nürnberg shears)作为运动装置,这种装置是用构成一串相似平行四边形的杆铰接而成的链。相连两平行四边形所共有的各角点 $S_0,S_1,S_2,\cdots$,在铰接系统的各种变形下,在连接的直线 g 上形成相似的点列,变成平行四边形的公共对角线(图 15.3)。如果我们把 3 把这样的"剪刀"在任一角点 S 处连接起来形成一个三角形,则所有角点组成的点系将随整个铰接系统的每一变化而发生仿射变换。我们用剪刀的两条对角线作成一个斜角坐标系(图15.4),就会明白这一点。如果在三角形的任两点 S 之间插入另外的同类的剪刀,并考虑它们的角点 S,那就能得到经过同样仿射变换的附加的点(图中,这些剪刀由其对角线表示)。根据这个原则,我们能为各种可变的仿射系统建立平面与空间的模型。[①]

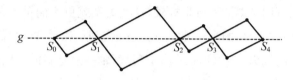

图 15.3

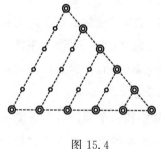

图 15.4

我们不再进一步讨论仿射变换的性质,而指出如何使用这些变换。

首先,它们为新几何定理的发现提供了一个绝妙的工具。上面解释过的由球到椭球的仿射变换,使我们从球的已知性质推出关于椭球的新定理。例如,如果我们作出球的3条互相垂直的直径,加上在这些直径端点上的6个切平面,我们得到一个体积为 $J = 8r^3$ 的外切立方体,其中 r 为球的半径。仿射变换显然把球的每个切平面变成椭球的切平面,借助上面的定理可推出,空间 R 内的立方体对应于空间 R' 内一个外切于椭球的平行六面体,它的各面在3条共轭直径的端点处切

① 一系列这样的模型已在莱比锡马丁·席林出版社出现,参阅 F. 克莱因及 F. 席林著:*Modelle zur Darstellung affiner Transformationen in der Ebene und im Raume*, *Zeitschrift für Mathematik und Physik*,第58卷,第311页,1910年。

于椭球,是平行于对应的直径平面的,而它的棱则平行于那些直径
(平面上的圆和椭圆保持着类似的关系,见图15.5)。此结论的逆显
然也成立:每个外切于椭球的平行六面体,按上面说明的方法,对应
一个外切于球的立方体,因为椭球的3个共轭直径对应于球的3条
互相垂直的直径。我们已经知道,在仿射变换下,体积要乘以变换的
行列式Δ,故上述外切椭球的平行六面体的体积由公式$J'=J\cdot\Delta=$
$8r^3\cdot\Delta$给出。这个公式显然
与平行六面体的位置无关,故
不论属于怎样的3条共轭直
径,上述平行六面体的体积为
同一常量。如果我们选择3
条互相垂直的主轴为所述的
共轭直径,则所得长方体之体

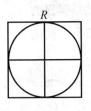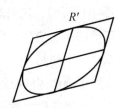

图 15.5

积为$8abc$,其中$2a,2b,2c$是主轴之长。我们用这个方法定出了该体
积常数,于是我们的定理取如下形式:外切于椭球且其面平行于共轭
直径平面的所有平行六面体,有同样的体积$J'=8abc$,其中a,b,c是
半轴长。为了证明这个定理对所有的椭球均有效,只要指明每个椭
球可以通过一个球的仿射变换变成就可以了。这一点可以从仿射变
换(6)式的方程立即推得。这些方程表明,椭球的轴的相互比为λ:
μ:ν,这里的λ,μ,ν为3个任意数。

　　虽然我们只讲了仿射变换在理论几何中的应用,举了一个简单
的例子,但我想进一步强调,仿射变换在实践中具有更重大的意义。

　　首先看看物理学的需要。应该指出,仿射变换在弹性理论、流体
力学中起着重大的作用。我不需要作任何夸张,因为每个从事这些
学科的人都充分了解,只要一考虑到足够小的空间元素,问题就会化
为齐次线性变换。

　　这里,我想花些时间讨论仿射变换在物理学家和数学家都用得到的正确作图上的应用。就平行射影而论,基本上只涉及空间的仿射变换。遗憾的是,在正确作图这个方面犯有许多错误。在数学教科书的空间图形中,或在物理书的仪器图里,你会找到难以置信的错误。只说一个例子。地球上的赤道常常被画成两个相交的圆弧(图15.6)。这当然是错误的,正确的画法应如右面所看到的,总是一个椭圆。

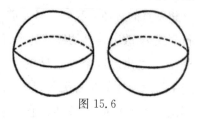

图 15.6

　　正确作图的原则是:所画的图形应是从一点到图的平面上的射影。如果我们想象中心点在无穷,即如果借助一个平行射线束来作图,关系就简化了。这正是我们感兴趣的情况。顺便讲一点画法几何学。我不准备做系统的讨论,只指出它在整个几何学里的地位,我们也不给出证明的细节。

　　请先研究平面图形的表示,即通过一组平行线将一个平面 E 射影到另一个平面 E' 上。为此,把 E 与 E' 的交线选为 x 轴,其上一点为原点 O(图15.7)。在 E 上任选 y 轴,例如垂直于 x 轴而通过 O,y' 轴则作为 y 轴通过平行线束在 E' 上的射影,因而在 E' 内,一般有一个斜角坐标系。于是,E 与 E' 的两对应点的坐标满足关系

$$x' = x, y' = \mu \cdot y,$$

其中 μ 是一个依赖于平面与线束所给定位置的常数。因此,这实际上是一个仿射变换。这些方程的证明简单得不需做任何说明。它们是一般(6)式的特例,在这里取 $\lambda = 1$,从

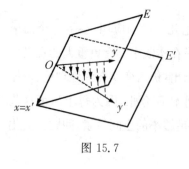

图 15.7

而 $x'=x$。当然,这是由于 x 轴是原平面与作图的平面的交线,因而其上每一点的像都与自身重合。如果将原来对空间推导的定理特殊化,用到平面上,例如 E 上的每一个圆对应于 E' 内的椭圆等,则立即可得图形的所有本质特性。

现在自然会提出相反的问题:如果两平面 E 与 E' 间给出了仿射关系,能使其中一个平面成为另一个平面的平行射影吗? 为回答这个问题,设从 E 中任意圆及其在 E' 中对应的椭圆出发(也可用两个对应的椭圆代替)。圆的中心 M 将对应于椭圆的中心 M'(图 15.8)。如果将 E 内的圆放入平面 E',使其中心与 M' 重合,则它将与椭圆相交 4 个点或完全不相交。为了简单起见,相切的极限情形不加以考虑。

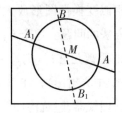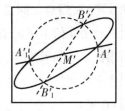

图 15.8

第一种情况如图所示。我们考虑通过 E' 内 4 个交点的椭圆的两条直径 $A'A_1', B'B_1'$。对应于它们的,是在 E 内的圆的两条直径 AA_1, BB_1(按我们的取法,两者相等)。因此,据仿射变换的一般性质,在 AA_1 与 $A'A_1'$ 和 BB_1 与 $B'B_1'$ 上的对应线段是相等的。如果将平面 E 叠合在 E' 上,使 M 与 M' 重合,且使这些线段对中的一对(例如 AA_1 与 $A'A_1'$)重合,然后把 E 绕这条作为轴的线旋转到空间,即得到两平面间的仿射变换,并使它们交线上的每一点对应于自己。于是,虽然我不给出证明,仍不难看到,无论两平面的夹角是什么,对应点的连线是相互平行的,即两平面间的仿射变换确实通过平行射影而实现。

如果我们的圆与椭圆不相交,即圆的半径小于椭圆的短半轴或大于长半轴,则用分析的话来说,两公共直径就是虚的,不能用于作图,因此无法继续作图。如仍想找出平行射影,则必须应用一个相似变换,把圆放大或缩小,直到第一种情况出现为止。我们在作图中常用相似变换以"改变尺寸"。因此,最终得到主要定理:两平面间的任何仿射关系,可以用无穷多个把相似变换与平行射影组合在一起的方法而得到。

我们现在讨论通过平行射影把空间整个变到平面的问题,这个问题比把一个平面映射到另一个平面的问题要重要和有意义得多。为了避免烦琐,我们总是同意用一个相似变换把图形放大或缩小。这就提出了画法几何中所谓轴测映射方法的问题。这个方法有非常重要的实用价值。如果物体到照相机的距离足够远,则每个像都十分近似于一个轴测映射(严格来说是一个中心射影)。在大多数情况下,当我们希望对一个空间几何图形、物理仪器、建筑构件等绘图时,严格的轴测映射是特别有用的。在各种轴测映射绘图中,也是在教学中直接有用的一些有趣的例子,可以在 C. H. 米勒和 O. 普雷斯勒(O. Pressler)合著的《射影理论指南》(*Leitfaden der Projectionslehre*)一书[1]中找到。例如,书中讲解了如何准确地画出相切的圆弧、浮标、形形色色的水晶玻璃制品等,并列举了完全不同的生物学领域的例子,如细胞组织、蜂窝等。

现在叙述把轴测映射与我们讨论过的仿射变换连接起来的定理:通过平行映射和相似变换而实现从空间到平面的映射(轴测映

---

[1]　这是一本立体几何作图的练习册,莱比锡,1903 年。

射），从分析上来说，是利用一个系数行列式为零的仿射变换

$$\begin{cases} x'=a_1 x+b_1 y+c_1 z, \\ y'=a_2 x+b_2 y+c_2 z, \\ z'=a_3 x+b_3 y+c_3 z, \end{cases} \quad \text{其中 } \Delta = \begin{vmatrix} a_1 & b_1 & c_1 \\ a_2 & b_2 & c_2 \\ a_3 & b_3 & c_3 \end{vmatrix} = 0 。 \quad (7)$$

这正是前面推迟考虑的例外情况。这样，你们就看到了这些"退化变换"的重要性，而遗憾的是这一点常常受到不应有的忽视。其逆也是对的，即每个 $\Delta=0$ 的这种变换，给出一个轴测映射。确实，这要预先假定，不是变换的所有系数或二阶子行列式都为零，否则就意味着进一步退化。这一点，我现在不予讨论，因为放在以后研究起来比较方便。

为了证明我们的论断，我们暂时假设：由（7）式给出的所有点 x',y',z'（对任意 x,y,z）都真的在一个平面上，即存在 3 个数 k_1,k_2, k_3，使得

$$k_1 x'+k_2 y'+k_3 z'=0 \qquad\qquad (8)$$

对 x,y,z 恒成立。据（7）式，此恒等式等价于 3 个齐次线性方程

$$\begin{cases} k_1 a_1+k_2 a_2+k_3 a_3=0, \\ k_1 b_1+k_2 b_2+k_3 b_3=0, \\ k_1 c_1+k_2 c_2+k_3 c_3=0 。 \end{cases} \qquad (8')$$

只要行列式 $\Delta=0$，而 9 个余子式不全为零，这些方程将完全唯一地确定出比 $k_1:k_2:k_3$。因此，所有像点 x',y',z' 实际上位于由方程 $(8')$ 所确定的平面（8）上。

现在在空间 R' 内作一个新直角坐标系，使得平面（8）成为 x'-y' 平面（$z'=0$）。这样，R 中的每一点必对应于 $z'=0$ 中的一点。于

是,在新坐标系中,仿射变换方程必然具有形式

$$\begin{cases} x'=A_1x+B_1y+C_1z, \\ y'=A_2x+B_2y+C_2z, \\ z'=0。 \end{cases} \tag{9}$$

由于最后一行的特殊形式,使得变换行列式始终为零,所以这 6 个系数 $A_1,\cdots,C_2$ 是完全任意的,但应使 3 个子行列式不全为零,即

$$A_1:B_1:C_1 \neq A_2:B_2:C_2。$$

否则,将出现我们前面排除了的退化情况。

我现在证明:由上述解析定义的从空间 R 到 x'-y' 平面 E' 的映射,与前面定义的轴测映射完全一致。像前面对行列式不为零的仿射变换的讨论那样,我们将阐明变换(9)的主要性质,分几个步骤来加以证明。

1. 首先,R 中的每一个点 x,y,z,显然对应于 E' 中唯一一点 (x',y')。反之,若在 E' 内给出一点 (x',y'),则方程(9)表明,在 R 内的对应的点在两个给定的平面上,而按我们的假设,它们的系数不成比例,因此它们相交为一条直线。在我们的变换下,这条线在所有点必然对应于同样的点 (x',y')。如果使点 (x',y') 变化,则两个平面都将平行于自己而移动,因为系数 A_1,B_1,C_1 和 A_2,B_2,C_2 保持不变。因此它们的交线相互平行,从而得到结论:E' 的每一点,对应于 R 内双重无穷个平行直线集之中一条直线上的所有点。这立即指明我们的映射和空间平行射影之间的联系。

2. 像在讨论一般仿射变换时所说的第 3 点一样,E' 内线段的分量对应于 R 内的自由向量 X,Y,Z,现在得出公式为

$$\begin{cases} X'=A_1X+B_1Y+C_1Z, \\ Y'=A_2X+B_2Y+C_2Z, \\ Z'=0。 \end{cases} \tag{10}$$

这再次表明,R 内的每个自由向量,对应于平面 E' 内的自由向量 X',Y',或较严格地说,如果使空间 R 中的一个线段在保持其长度与方向下作平行移动,则在平面 E' 内的对应线段也保持其长度与方向作平行移动。

3. 现在考虑一个特殊的情形:在 x 轴上从 $(0,0,0)$ 到 $(1,0,0)$ 的单位向量 $X=1, Y=Z=0$。根据 (10) 式,它对应于 E' 中从原点 O' 到坐标为 (A_1, A_2) 的点的向量 $X'=A_1, Y'=A_2$。完全类似地,y 与 x 轴上的单位向量,分别对应于从原点 O' 到点 (B_1, B_2) 和 (C_1, C_2) 的两个向量。在 E' 中的 3 个向量,我们将简称为 $(A), (B), (C)$(图 15.9)。它们可以任意选择,因为它们的终点坐标决定了仿射变换 (9) 的 6 个任意参数,所以它们完全确定了映射。现在,这 3 个向量必须不在同一条直线上,而为了简单起见,我们将假设没有两个向量处在同一条直线上。其结果如下:R 内各坐标轴上的 3 个单位向量,被映射成在 E' 内经过原点 O' 的 3 个任意向量,知道了 3 个任意向量之后,仿射变换就完全确定了。

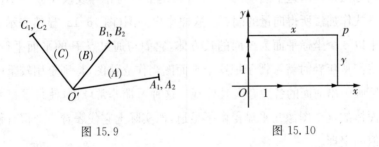

图 15.9   图 15.10

4. 为了用几何方法求出 $(A), (B), (C)$ 的像,我们从 x-y 平面上任意点 $P(x, y, z=0)$ 出发。使 x 轴上单位向量乘以标量 x,使 y 轴上单位向量乘以标量 y,然后把乘积加起来,我们得到从 O 到 P 的向量(图 15.10)。但我们可以立即把这个过程转移到 E' 上,因为 x-y

平面与 E' 的关系显然是一个通常的二维仿射变换(行列式不为零)。于是,分别对向量 (A),(B) 乘以标量 x,y,并按平行四边形法则将这两个乘积加起来,我们就得到 P 的图像 P'(图 15.11)。我们可以用这个方法在 E' 中作出任一点的像,从而可逐点地作出 $x\text{-}y$ 平面内任何图的像。

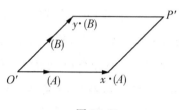

图 15.11

5. 如果将这些考虑运用到空间 R 中的任意一点(图 15.12)上,可轻易证明下列结果:如果将平行四边形法则应用于分量 (A),(B),(C) 分别与标量 x,y,z 相乘后之和,我们就得到坐标为 (x,y,z) 的点 P 的图像 P'。因为加法是可交换的,所以可以用 $(1\times2\times3=)6$ 个不同方法来作出这个图,所得的 P',就是平行与相等线段用 6 个不同方式作加法所得向量的端点。这样作出的图(图 15.12)显然表示 R 中以 3 个坐标平面为界面的长方体,它们与通过点 P 的平面平行。我们从年轻时就习惯于把这个平面图当作立体图,特别是用较重的笔画画出前面的各边夸大其外观。这种习惯非常顽固,使得平行六面体的这个图像几乎显得微不足道,而实际上它代表着一个很有价值的定理。

6. 借助于上述这种作图法,可以在 E' 内作出任何空间图形,即其所有点的像。我只考虑一个例子:如果有一个中心在原点、半径为 1 的球,那么我们主要考虑由各坐标平面与它相交的各个圆。在 $x\text{-}y$ 平面上的截圆,以 x,y 轴上的单位向量为共轭轴,即为彼此垂直的

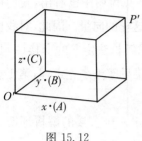

图 15.12

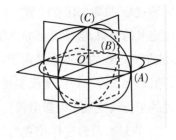

图 15.13

半径。因为是仿射关系,它将对应于以 O' 为中心、以向量 (A) 和 (B) 作为共轭半径的一个椭圆,见图 15.13,而椭圆内切于由向量 $2(A)$ 与 $2(B)$ 组成的平行四边形。类似地,对应于其他两个截圆的椭圆将以 O' 为中心,以 (B), (C) 和 (A), (C) 为共轭半径。

7. 我们既已作出一个完整的图像,以表示行列式为 O 的仿射变换(9)的性质,现在就必须采取最后的关键步骤,以说明这些仿射变换确实和我们所断定的那样产生于轴测映射。这主要要求用到所谓波尔克(K. Pohlke)基本定理。K. 波尔克是柏林建筑学院的教授,他在 1853 年发现了这个定理,并在 1860 年发表于《几何演示教本》(*Lehrbuch der darstellenden Geometrie*)一书[1]。H. A. 施瓦茨(H. A. Schwartz)于 1863 年发表了该定理的第一个证明[2],同时讲述了有关这个发现的一个有趣的故事梗概,你们应该读一读。

波尔克本人并未用解析法定义轴测映射,而是用几何方法,通过平行射线(加上必要的相似变换)作为一个空间图形而给出定义。他的定理说:在空间 3 个坐标轴上的单位向量,在这种变换下可变成

---

[1] 该书分两部分,1876 年柏林第四版。这个定理见第一部分第 109 页。

[2] H. A. 施瓦茨的证明发表于 *Journal für die reine und angewandte Mathematik*,第 63 卷,第 309—314 页,或见其《数学著作集》,第 2 卷,第 1 页,柏林,1890 年。

E' 内通过 O' 的 3 个任意向量。而从第 3 点说明中已看出,我们用解析法定义的映射,实际上已导出了 3 个这样的向量。因此,对我们来说,波尔克定理的基本意义在于:我们用解析法定义的变换(9)是由平行射影和长度单位改变而实现的,而借助于波尔克定理,第 1 点中所说的平行线变成了射影射线。

8. 我想大致为这样建立的定理给出一个直接的解析证明。如果我们把注意力集中在 R 内的两个平行平面束

$$A_1 x + B_1 y + C_1 z = \xi,$$
$$A_2 x + B_2 y + C_2 z = \eta,$$

其中 ξ, η 为参变量,于是 ξ, η 的每对值决定了有关平行线中的一条平行线。如果有可能将含有适当单位长度的直角坐标系 x', y' 的平面 E' 放在空间 R 之内,使得每条射线 ξ, η 在点 $x' = \xi, y' = \eta$ 处贯穿平面 E',则将如愿用几何方法做出映射。

为此,必须使平面 $\xi = 0, \eta = 0$ 分别在坐标轴 $O'y', O'x'$,即相互垂直的两直线处与平面 E' 相截。如果 θ_1, θ_2(确定平面 E' 的位置)是这些轴与直线 $\xi = 0, \eta = 0$ 之间的角(图 15.14),且令 α 为平面 $\xi = 0, \eta = 0$ 之间的角(已知),则对由 $\xi = 0, \eta = 0$ 与 E' 形成的三面角应用球面三角形的余弦定理,我们得到 $O'x', O'y'$ 的角的余弦为

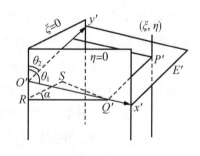

图 15.14

$$\cos \theta_1 \cos \theta_2 + \sin \theta_1 \sin \theta_2 \cos \alpha,$$

且当

$$\cot \theta_1 \cdot \cot \theta_2 = -\cos \alpha \tag{11}$$

时，这个角为直角。

现在，每个平面 $A_1x+B_1y+C_1z=\xi$ 与 E' 相交于直线 $x'=$ 常量。如果 Q' 是它与 x' 轴的交点，则对应的 x' 值乘以 E' 内坐标系的一个待定尺度因子 λ 等于 $O'Q'$。如果分别作垂直于平面 $\xi=0$ 和直线 $\xi=\eta=0$ 的直线 $Q'S$ 与 $Q'R$，则有

$$O'Q'=\frac{Q'R}{\sin\theta_1},\ Q'R=\frac{Q'S}{\sin\alpha}。$$

又因 $Q'S$ 作为平面

$$A_1x+B_1y+C_1z=0$$

与平面

$$A_1x+B_1y+C_1z=\xi$$

之间的公垂线，是不难借助空间解析几何的已知公式表达的，于是最后得

$$x'=\lambda\cdot O'Q'=\lambda\frac{\xi}{\sqrt{A_1^2+B_1^2+C_1^2}\cdot\sin\theta_1\cdot\sin\alpha}。$$

类似地，可求得 $A_2x+B_2y+C_2z=\eta$ 与 E' 的交点的坐标 y' 为

$$y'=\lambda\frac{\eta}{A_2^2+B_2^2+C_2^2\cdot\sin\theta_2\cdot\sin\alpha}。$$

因为我们希望每条由参数 ξ,η 确定的平行射线在点 $x'=\xi,y'=\eta$ 处穿过平面 E'，所以必须有

$$\begin{aligned}\lambda&=\sqrt{A_1^2+B_1^2+C_1^2}\cdot\sin\theta_1\cdot\sin\alpha\\&=\sqrt{A_2^2+B_2^2+C_2^2}\cdot\sin\theta_2\cdot\sin\alpha,\end{aligned}\tag{12}$$

因此可得 θ_1,θ_2 的第二个方程：

$$\sin \theta_1 \cdot \sqrt{A_1^2+B_1^2+C_1^2}=\sin \theta_2 \sqrt{A_2^2+B_2^2+C_2^2}。 \tag{13}$$

简单的计算表明,除去符号外,方程(11)和方程(13)对 $\cot \theta_1$ 和 $\cot \theta_2$ 只有一对实数解,即本质上只存在平面 E' 的一个位置(当然关于 $\xi=0$, $\eta=0$ 的公共法平面对称),就我们按方程(12)在 E 的直角坐标系上所选的尺度而言,仿射变换 $x'=\xi$, $y'=\eta$ 在此平面位置上是通过轴测映射实现的。如果从 x', y' 轴的单位点落在线 $\xi=1$, $\eta=0$ 和 $\xi=0$, $\eta=1$ 这个条件出发,我们可以用比较几何化的形式提出所述全部论据。这样,问题就在于找到一个与给出的三棱柱截成一个等腰直角三角形的平面 E'。

在这个详细的说明之后,我已无须讨论前面谈过的逆定理,即每个轴测映射表示一个行列式为零的仿射变换。像前面一样,首先利用 R 中 x 轴、y 轴的平行射影所产生的平面 E' 内的斜坐标系,然后通过线性变换过渡到 E' 内原来给出的直角坐标系,即可证明这个逆定理。

在关于仿射变换的这一章结束时,我想提醒你们注意,可以做一个实验,利用射影灯(必须设想它处于无穷远处)把一些简单的模型(正方形、圆、椭圆、立方体)的阴影图像投射到屏幕上,即得轴测映射图的实例。用这个方法,可以使我们的结果和图形得到证实。特别是,通过模型和屏幕的运动,使 3 个相互垂直棒的阴影图发生各种类型的变化,可以很容易地用实验证明波尔克定理。

现在进入新的一章,我将讨论把仿射变换作为特殊情况包括在内的更一般的变换,即射影变换。

第十六章 射影变换

本章一开始就处理三维空间。

1. 我从射影变换的解析定义开始。我们不再取 x', y', z' 为 x, y, z 的整函数，而是取为 x, y, z 的有理线性函数，但有一个根本条件，即其分母相同

$$\begin{cases} x' = \dfrac{a_1 x + b_1 y + c_1 z + d_1}{a_4 x + b_4 y + c_4 z + d_4}, \\[2mm] y' = \dfrac{a_2 x + b_2 y + c_2 z + d_2}{a_4 x + b_4 y + c_4 z + d_4}, \\[2mm] z' = \dfrac{a_3 x + b_3 y + c_3 z + d_3}{a_4 x + b_4 y + c_4 z + d_4}. \end{cases} \tag{1}$$

只要公分母不为零，则每点 x, y, z 对应于一个确定的有限点 x', y', z'。但是，和仿射变换不同的是，如果点 x, y, z 趋向于平面 $a_4 x + b_4 y + c_4 z + d_4 = 0$，其对应点 x', y', z' 将移至无穷远——从某种意义上说，它"消失了"。因此，我们称这种平面为射影平面（化零平面），它的点为消失点，并说它在射影变换下对应于空间中无穷部分或对应于无穷远点。

2. 处理这里出现的问题时，正如你们所知道的，用齐次坐标是很方便的，即用按方程

$$x = \frac{\xi}{\tau}, y = \frac{\eta}{\tau}, z = \frac{\zeta}{\tau}$$

确定的 4 个量 ξ,η,ξ,τ 来代替点的 3 个坐标 x,y,z。这 4 个量彼此独立变化,但不同时为零,没有一个会变为无穷。因而,每个点 x,y,z 对应于无穷多组值 $\rho\xi,\rho\eta,\rho\zeta,\rho\tau$,其中 $\rho\neq0$ 是一个任意因子。反之,每组 $\tau\neq0$ 时,每组值 ξ,η,ζ,τ 都确定一个有限点 x,y,z(所有组 $\rho\xi,\rho\eta,\rho\zeta,\rho\tau$ 都给出同样的点)。当 $\tau=0$ 时,商 x,y,z 中至少有一个变为无穷。于是我们规定,每组值 $\xi,\eta,\zeta,\tau=0$ 表示一个"无穷远点",且所有组 $\rho\xi,\rho\eta,\rho\zeta,0$ 表示同一个无穷远点。我们用这种确切的方法引进了"无穷远点"并添加到原有的有限点集内。

经验表明,至少对初学者来说,齐次坐标的运算总是头痛的事。我相信,其原因是任意因子 ρ 带来的这些量的某种不确定与流动性质,我希望这样的说明能减轻这种不适应。

为了同样的目的,做出某些附带的说明,可能有助于理解与齐次坐标相联系的某些几何表示。我首先只谈平面 E 的情况。在这种情况下,我们把直角坐标写成

$$x=\frac{\xi}{\tau},\quad y=\frac{\eta}{\tau}\text{。}$$

我们现在把 ξ,η,τ 解释为空间的直角坐标,并在这个空间内,选择平行于 $\xi\eta$ 平面的平面 $\tau=1$ 作为平面 E(图 16.1)。在这个平面 E 上,令 $x=\xi,y=\eta$。如果用直线把 E 上的点 x,y 与点 O 连接起来,那么对于这条直线上的点 $\frac{\xi}{\tau}$ 和 $\frac{\eta}{\tau}$ 就是常量,而当 $\tau=1$ 时有 $\xi=x,\eta=y$,故有

$$\frac{\xi}{\tau}=x,\quad\frac{\eta}{\tau}=y\text{。}$$

于是,引入齐次坐标,简单地意味着,从平面 E 到以 O 为中心的空间射线束的映像,而 E 是这射线束的一个截

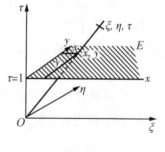

图 16.1

面。一个点的齐次坐标,就成了该点射影射线上所有点的空间坐标。因为 E 的每点对应于射线上的无穷多个点,齐次坐标的不确定的意义就变得清楚了。把 $\xi=\eta=\tau=0$ 排除在外的几何意义在于点 O 不确定射线,因而不对应 E 中的点。又因把 O 与有限点连接,即得到所有射线,所以不需要取 ξ,η,τ 的无穷值。最后,用 $\tau=0$ 给出的、过 O 点的平行射线代替平面 E 的无穷远区域,就使坐标避免了无穷大值。

而且,"无穷远直线"这个常用的术语,也在这里找到了清楚的几何含义。解析地说,就像每条有限直线有一个线性方程一样,它只不过是所有"无穷远点"满足线性方程 $\tau=0$ 的抽象说法而已。但现在,我们可以用几何的语言说,E 内每条直线属于空间中通过点 O 的一个平面上的线束,反之,除去平面 $\tau=0$ 外,空间中通过 O 的每个平面上的线束,都确定 E 内的一条直线。因此,在 E 内指定对应于 $\tau=0$ 的点集为一条直线,似乎是恰当的,因而我们得到"无穷远直线"。

如果对三维空间引入齐次坐标,我们可以构成类似的表示方法。我们把空间设想成四维辅助空间 ξ,η,ζ,τ 的一个截面 $\tau=1$,并把它和从辅助空间的原点投射过来的它的空间线束联系起来。于是,几乎可以逐句引用前面的话,毫无困难地实现所有其他的想法,特别是对无穷远元素做出解释。在这方面,四维空间只是一个方便的表达方法,并没有什么神秘的意义。

3. 如果我们将两空间 R 与 R' 的齐次坐标引入射影变换方程 (1),由于它们有公共分母,通过引入一个任意比例因子 ρ,可将其分解成下列 4 个方程:

$$\begin{cases} \rho'\xi'=a_1\xi+b_1\eta+c_1\zeta+d_1\tau, \\ \rho'\eta'=a_2\xi+b_2\eta+c_2\zeta+d_2\tau, \\ \rho'\zeta'=a_3\xi+b_3\eta+c_3\zeta+d_3\tau, \\ \rho'\tau'=a_4\xi+b_4\eta+c_4\zeta+d_4\tau. \end{cases} \quad (2)$$

把任意因子 ρ' 丢开不考虑,我们看到这是最一般的 4 个变量的齐次线性变换。因此,它表示两个四维辅助空间 P,P' 之间的仿射关系,我们可以用前述第 2 点中的方式来解释其中的齐次坐标。如果仍以平面为限,则所有这些都能给出较具体的表示:我们可以用空间的任意仿射变换来得到平面上最一般的射影变换,只要使通过固定中心 O 的空间射影线束与平面的交点成为原变换的对应点即可。如果加上一个过点 O 的相似变换,我们总可得到对应于因子 ρ' 的同一射影。因为这个变换把每条过点 O 的射线变为自己,而射影性质只依赖于这些射线与平面的交。

前面利用辅助空间 P,P' 时所遵循的原理,称为射影与截面原理。这个原理非常有用,因为一般来说,它利用 $n+1$ 维辅助空间,使 n 维空间中的复杂关系简化并易于理解了。

4. 现在我们对 ξ,η,ζ,τ 解变换方程组(2)。行列式理论证明,ξ,η,ζ,τ 是与 ξ',η',ζ',τ' 类似的线性齐次组合,当然也带有比例因子 ρ:

$$\begin{cases} \rho\xi = a'_1\xi' + b'_1\eta' + c'_1\zeta' + d'_1\tau', \\ \rho\eta = a'_2\xi' + b'_2\eta' + c'_2\zeta' + d'_2\tau', \\ \rho\zeta = a'_3\xi' + b'_3\eta' + c'_3\zeta' + d'_3\tau', \\ \rho\tau = a'_4\xi' + b'_4\eta' + c'_4\zeta' + d'_4\tau'。 \end{cases} \tag{3}$$

只要方程组(2)的行列式

$$\Delta = \begin{vmatrix} a_1 & b_1 & c_1 & d_1 \\ a_2 & b_2 & c_2 & d_2 \\ a_3 & b_3 & c_3 & d_3 \\ a_4 & b_4 & c_4 & d_4 \end{vmatrix}$$

不等于零。因此,值组 ξ,η,ζ,τ 与 ξ',η',ζ',τ' 之间是一一对应的(相

差相应的任意公因子)。

然而,正如你们预期那样,从我们对仿射变换中 $\Delta = 0$ 的情形的处理可以看出,$\Delta = 0$ 在这里也是有特别意义的,不能被忽略。像每个中心射影(例如照相)一样,它代表空间到平面的映射。但现在,我们将考虑 $\Delta \neq 0$ 的一般情形。

5. 从方程组(2)和方程组(3)立即推出,当 ξ, η, ζ, τ 之间存在线性关系时 $\xi', \eta', \zeta', \tau'$ 之间也存在线性关系,反之亦然。所以,每一个平面对应一个平面,特别是 R' 内的无穷远平面,一般对应于 R 内的一个有限平面,即前面所说的化零平面。因此,无穷远平面的引出已达到了方便的目的,因为它可以使前述定理毫无例外地成立。进而推出,每条直线对应一条直线,用莫比乌斯的话来说,每个射影变换是一个共线变换。

6. 现在应该指出,上述定理之逆也是对的:空间上每个共线变换,也就是使直线对应于直线,且满足其他某些几乎不言而喻条件的可逆单值变换,是一种射影变换,即由方程(1)或方程(2)确定的变换。

为了方便起见,这里只对平面上的射影变换给出莫比乌斯的证明。对空间上的射影变换,可以类似地证明。对平面的证明如下。从一个任意的共线变换中,选出对应的两个 4 点组,我们将证明:(a)始终存在着把这两个 4 点组相互变换的射影变换,而一个射影变换也是共线的;(b)在某些条件下,使两个 4 点组相互对应的只有一个共线变换。因此,这个射影变换必然与给出的共线变换相同,从而证明了这个定理。现在对这两步证明做出详细的说明。

(a)我们注意到,在平面内的射影变换方程

$$\rho' \xi' = a_1 \xi + b_1 \eta + d_1 \tau,$$
$$\rho' \eta' = a_2 \xi + b_2 \eta + d_2 \tau,$$
$$\rho' \tau' = a_3 \xi + b_3 \eta + d_3 \tau$$

含有 9−1＝8 个常数(ρ'的改变不影响变换)。两个给定的点在一个射影变换中相互对应,只需要射影变换的常数满足两个线性方程,因为我们只涉及 3 个齐次坐标的比。因此,两个 4 点组的对应,表示 2×4＝8 个线性条件,或更准确地说,表示 9 个量 $a_1,\cdots,d_3$ 之间的 8 个线性齐次方程。你们知道,这种方程组总是有解的。因此,用这种办法找出了把给出的两组 4 个点作相互变换的射影变换的所有常数。事实上,只要所给出的 4 点组处于"一般位置",即 4 点中任意 3 点都不共线,就能保证这是一个行列式不化为零的"严格的"射影变换。这是我们的定理所唯一要求的情形。

(b) 现在设平面 E 和 E' 之间有一个任意的共线变换,1,2,3,4 是平面 E 上的任 3 点都不共线的 4 点,1′,2′,3′,4′是满足同样条件的 E' 上的对应点。我们的论断是这个共线变换完全由这两个 4 点组之间的对应所确定。我们将给出这个证明,因为这个共线变换可以用一个,且仅能用一个方法由这两个对应的 4 点组建立起来,即仅仅借助于 4 点组的两个特性(唯一性和直线间的相互对应)。我们的主要工具就是与蜘蛛网类似的所谓莫比乌斯网。开始,我们在每个平面上各作 6 条直线,连接 4 个点(图 16.2)。它们在这个共线变换下必然相互对应,因为直线 12 必然对应于 E' 内的一条直线,此直线必然包含作为 1 的像的 1′和作为 2 的像的 2′,而它只能是直线 1′2′。类似地,对应直线的各交点必然相互对应,例如点(1,4,2,3)与点(1′,4′,2′,3′)对应:这从共线性和唯一性即可推出。如果用直线与新的点连接,把这些直线延长到与原来的直线相交,再把这些交点连接起来,重复此过程,在每个平面上将出现越来越稠密的线与点组成的网。这些点和线在所要求的共线变换下,必然成对地相互对应。

如果现在在 E 内任选一点,例如说它是网的一个角点,或者不是,则可以把网作得任意小,而把这一点包围在一个网眼内,即使其

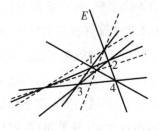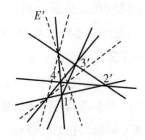

图 16.2

成为角点的极限点。在前一种情形下，E' 中的点作为对应的网的角点而唯一被确定。至于第二种情形，则必须对其线性的定义加上莫比乌斯认为是不言而喻的一个条件——此映射必须是连续的，即 E 内一个点集的每个极限点对应于 E' 中对应点集的极限点。据此及前面的说明，也可以推出，在第二种情况下，E' 中的对应点也是唯一确定的。于是，在共线变换是连续的情况下证明了论断 6 的正确性。用同样的方法，可以证明，通常空间里连续的共线变换，由 5 个对应的点对确定；在 n 维空间中，则由 $n+2$ 个对应的点对确定。

现在回到第 6 点开头的讨论。结果得出下面这个准确的定理：射影变换是实现直线到直线的唯一连续可逆变换。

绕了这些弯后，请让我们回到第 5 点中提出的研究，即在射影变换下或共线变换下各基本几何流形的性质。我们在那里已经讲过，一个无限平面或直线可以被映射成一个同类的图形，所以这些概念对于射影变换有着确定不变的意义。在这个性质上，一般的射影变换与仿射变换相同，但在平行性质方面不相同。

7. 平行性概念所造成的情况。确实，两条直线的平行在射影变换下不一定像仿射变换下那样保持着。相反，空间的无穷远平面可以对应于任何有限平面（化零平面），而两条平行线的公共无穷远点则一般将对应于化零平面上的一个有限点，而对应于两条平行线的两条直线则在此平面上相交。借助齐次坐标,可严格证明这一点。事实上,在这里也可以看到,平行性概念并没有被完全打乱,而是变成了一个完全确定的一般概念的一部分。空间的无穷远点组成一个平面,它可通过射影变换变成空间任何其他(有限)平面,在这个意义上它与所有平面具有同等地位。用"无穷远"这个词来描述只是在某种程度上刻画出它的任意性。于是,称各直线(或平面)是相互平行的,如果它们在这个特殊(无穷远)平面相交的话。通过射影变换,它们可以被变成在其他固定平面相交的直线(或平面),此时新的直线(或平面)就不再平行了。

与这个性质相联系的事实是,在射影变换下,格拉斯曼的基本位形将相应地失去不变量的意义。自由向量绝不会变为另外的自由向量,滑动向量亦然,等等。让我们看一看在空间 R 具有 6 个坐标:

$$X=x_1-x_2,Y=y_1-y_2,Z=z_1-z_2,$$
$$L=y_1z_2-y_2z_1,M=x_2z_1-z_2x_1,N=x_1y_2-y_1x_2$$

的一个线段,并设在射影变换(1)

$$x_1'=\frac{a_1x_1+b_1y_1+c_1z_1+d_1}{a_4x_1+b_4y_1+c_4z_1+d_4}\text{等},$$

$$x_2'=\frac{a_1x_2+b_1y_2+c_1z_2+d_1}{a_4x_2+b_4y_2+c_4z_2+d_4}\text{等}$$

下,由对应于点 (x_1,y_1) 和 (x_2,y_2) 的点 (x_1',y_1') 和 (x_2',y_2') 构成的类似量为 $X',\cdots,N'$。通过这些公式,$X',\cdots,N'$ 变成分式,其分子只是 6 个量 $X,\cdots,N$ 与常数系数的线性组合,而对它们相同的分母 $(a_4x_1+b_4y_1+c_4z_1+d_4)(a_4x_2+b_4y_2+c_4z_2+d_4)$,包含不能只用 $X,\cdots,N$ 表达的点坐标本身。因此,变换后的线段坐标,不仅依赖于原线段的坐标,而且依赖于端点的位置。如果沿线段所在直线使之滑动,则 $X,\cdots,N$ 不会改变,而 $X',\cdots,N'$ 一般将改变,即 $(1',2')$ 不是格拉斯曼意义上的一个线段。

然而,无限直线在射影变换下仍保持这个性质,因为它是由比例 $X':Y':\cdots:N'$ 确定,出毛病的公分母被约去。因此,这个比实际上只由比 $X:Y:\cdots:N$ 表达。

8. 仍然有某些重要的位形在射影变换下保持为同类位形。首先,通过乘以公分母 $a_4x+b_4y+c_4x+d_4$ 的平方,可以看到,每一个 x,y,z 的二次方程变换成 x',y',z' 的二次方程,反之亦然。这表明,在空间 R 中的每一个二次曲面对应于 R' 中的二次曲面。因此,每个这种曲面与平面的交线,即在空间 R 内的每个二次曲线对应于 R' 中的二次曲面。同样,用一个或几个坐标的方程所确定的任何代数位形,将变换为同类型的代数位形。因此,这些位形的性质是射影变换下的不变量。

9. 除了这些用方程确定的不变位形外,我必须指出在所有投影变换下保持不变的一个数值量,它取代了距离和角度的概念。正如你们所知道的,距离和角度即使在仿射变换下也不是不变量,更不必说射影变换了。首先谈直线,我们考虑任选 4 点 $1,2,3,4$ 间的距离的某个函数,即以前说过的交比

$$\frac{\overline{12}}{\overline{14}} : \frac{\overline{32}}{\overline{34}} = \frac{\overline{12}}{\overline{14}} \cdot \frac{\overline{34}}{\overline{32}},$$

不难通过计算验明这个量在射影变换下的不变性。后面讨论不变量理论时,我们将这样做。

如果用角的正弦来取代角,则射线束的情况也十分类似。如果 $1,2,3,4$ 是束中的射线或平面,则其交比表达为

$$\frac{\sin(1,2)}{\sin(1,4)} : \frac{\sin(3,2)}{\sin(3,4)} = \frac{\sin(1,2)\sin(3,4)}{\sin(1,4)\sin(3,2)}。$$

因为这些交比是射影变换下首先发现的数值不变量,所以许多

研究射影几何学的人认为把所有其他的不变量化为交比,即令这种转化是十分人为的,也是值得称道的目标。稍后,我们将比较彻底地考虑这些问题。

这几点说明已足以表明,如何根据射影变换下的性质而严格地区分不同的几何概念。在这种变换下保持不变的一切都是射影几何的研究对象。我已经讲过,射影几何是19世纪产生的一门学科。这个学科名称现在已十分通用,它比早先常用的"位置几何"这个名称好。以前数学家用位置几何这个名称,是想拿它来同度量几何或初等几何对比,而把一切几何性质,包括在射影变换下改变的性质都列入度量几何或初等几何的范围。旧的名称完全没有考虑到许多度量性质,特别是交比值。

我现在要像讨论仿射变换时一样,讨论射影变换的应用。

1. 我只从画法几何出发,讨论几个典型的例子而不企求系统化。

(a) 第一个例子是通过中心射影把空间映射到平面的例子。这是轴测(平行)映射的直接推广。这里,射影射线是一个有限点而不是从无穷远点发出的。我们选坐标原点为射影中心,以 $z=1$ 为投影平面(图 16.3)。于是,任意点 $P(x, y, z)$ 的像 $P'(x', y', z')$ 均有 $z'=1$,且因 P 与 P' 处在同一条通过 O 的射线上,故有

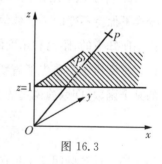

图 16.3

$$x' : y' : z' = x : y : z。$$

因此,我们的映射方程是

$$x' = \frac{x}{z}, y' = \frac{y}{z}, z' = \frac{z}{z},$$

这是一个特殊的射影变换。由于它与轴测映射相似,自然使我们怀

疑它的行列式等于零。事实上,过渡到齐次坐标,我们得

$$\rho'\xi'=\xi, \rho'\eta'=\eta, \rho'\zeta'=\zeta, \rho'\tau'=\tau,$$

变换的行列式为

$$\Delta=\begin{vmatrix} 1 & 0 & 0 & 0 \\ 0 & 1 & 0 & 0 \\ 0 & 0 & 1 & 0 \\ 0 & 0 & 1 & 0 \end{vmatrix}=0。$$

一般来说,只要你们注意到,每个平面通过一个行列式不为零的(二维)射影变换与射影平面相联系,那么你们就可以用早先讨论中用过的类似方法,很快推出这个变换的各种性质。由此特别推出,一条直线上任意 4 点的交比,或过一点的任何 4 条直线的交比,经过变换是不变的。

(b) 第二个例子是关于把中心射影作为极限情形包含在内,具有不为零的行列式的所谓立体射影的射影性质。一个物体的立体像,投入一定距离外观察者眼中的射线,与原物体投入相应位置观察者的射线相同。这意味着,在适当选择坐标系方向的情况下,物体所在点及其像点将在过原点的同一条射线上

$$x':y':z'=x:y:z。 \tag{4}$$

这一种情况与前一种情况的差别在于:物体所在点不是被映射到一个平面上,而是被压缩到某个有限宽度的狭窄空间块内。

我断定,这个变换由公式

$$x'=\frac{(1+k)x}{z+k}, y'=\frac{(1+k)y}{z+k}, z'=\frac{(1+k)z}{z+k} \tag{5}$$

来完成。首先,它至少给出了一个射影变换,也显然满足方程(4)。我们利用其对应的齐次方程

$$\rho'\xi'=(1+k)\xi, \rho'\eta'=(1+k)\eta,$$

$$\rho'\zeta'=(1+k)\zeta, \quad \rho'\tau'=\zeta+k\tau$$

求得其行列式为

$$\Delta=\begin{vmatrix} 1+k & 0 & 0 & 0 \\ 0 & 1+k & 0 & 0 \\ 0 & 0 & 1+k & 0 \\ 0 & 0 & 1 & k \end{vmatrix}=k(1+k)^3 。$$

除 $k=0$ 或 $k=-1$ 外,它显然不为零。

对 $k=0$ 的情形,(5)式正好转变为前面的中心射影公式,即由立体完全退化到平面。$k=-1$ 时给出 $x'=y'=z'=0$,即空间的每个点均由原点代表,这显然是没有用处和无价值的特殊情况。

为了明确起见,我们选择 $k>0$。为了表明变换(5)的几何意义,我们首先注意到,每个平面 $z=$ 常量,变换成一个平行平面

$$z'=\frac{(1+k)z}{z+k} 。 \tag{6}$$

通过由 O 发出的射线使两个平面相互变换是非常清楚的,现在只需要解释这个规律(6)式。

当 $z=\infty(\tau=0)$ 时,$z'=1+k$。这个与 x-y 平面平行且与其距离为 $1+k$ 的平面,是像空间的化零平面,同时在某种意义上形成立体图的背景。物体的空间图在无穷远处的背景被映射而呈现在此平面上。平面 $z=1$ 也起重要作用,因为在这个平面上物与像重合,这是由于当 $z=1$ 时,z' 也等于 1。如果令 z 从 1 增加到 ∞,则 z' 从 1 单调地增加到 $1+k$,即如果将物体限制在平面 $z=1$ 的后面,我们实际上得到一个有限深度 k 的立体像。实际上,能够有且始终必须有这样的限制(图 16.4)。

再注意一下(6)式,对点 $z,1,z',0$ 的交比找到关系式

$$\frac{z-1}{z-0} \cdot \frac{z'-0}{z'-1}=\frac{z-1}{z} \cdot \frac{(1+k)z}{k(z-1)}=\frac{1+k}{k} 。$$

一般来说,这两个彼此对应的点 z 与 z'
和点 1 与 0 组成的交比为常数。

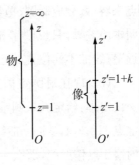

图 16.4

我们收集一数学模型,可以表示立
方体上的球、旋转圆锥及旋转圆柱的立
体射影。从适当的距离处观察,模型对
原物体给出了一个十分清楚的形象,当
然,心理反应起了重要作用。同样的光
线进入人眼这个孤立的事实,并不足以
确定立体感,习惯必然起某种重要作
用。事实上,因为我们多看立方体上的球,少看狭长六面体上的狭长
的椭球(这正是立体射影图像的情况),所以我们从一开始就不免把
光的印象同前一个来源的印象联系起来。对这个反应的进一步考
察,可以留给心理学家去进行。

以上种种足以使你们对射影变换在画法几何上的应用获得初步
印象。当然,这些定理要求进一步的考虑,在结束这一节以前我不能
不鼓励你们彻底研究画法几何,因为我认为这种研究对每一名数学
教师都是不可缺少的。

2. 我希望讨论的有关射影变换的第二个应用,是如何由此推导
几何定理和观点。你们会回忆起,我们曾为类似的目的对仿射变换
进行讨论。

(a) 我们从这样的定理出发,即当一个圆通过射影变换或中心
射影变换时,它变成一个"圆锥曲线",即圆周上点的射线所组成的圆
锥面与一个平面的交线。我有一个模型,可以用来表示如何用这个
方法形成一个椭圆、一条双曲线或一条抛物线(图 16.5)。

(b) 由此推出,对射影几何而言,只有一种圆锥曲线。因为任何
两种圆锥曲线都可变换成一个圆,从而可彼此互相变换。从这个观

点来看,区分成椭圆、抛物线和双曲线,并未说明本质差异,只反映了相对于通常所谓"无穷远"直线的不同位置而已。

(c) 现在对圆锥曲线推导出下面的基本交比定理:给定一条圆锥曲线上的任意 4 个固定点 1,2,3,4,从同一曲线上第五个可移动点 P 向这 4 点作射线,那么 4 条射线的交比与点 P 的位置无关(图 16.6)。

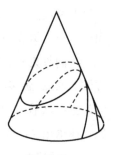

图 16.5

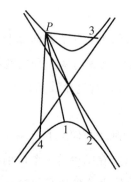

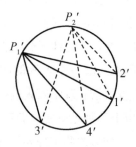

图 16.6

为了证明这一点,我们回过来看一下通过中心射影产生所述圆锥曲线的那个圆。只要证明在圆的情形下交比不变,一般定理即获证明。设在圆上有 4 个对应点 $1', 2', 3', 4'$,由圆上其他两个任意点 P_1', P_2' 向其各作 4 条射线,则两组射线的交比相等。但这是显而易见的,因为按圆周角定理,射线束 $P_1'(1', 2', 3', 4')$ 与 $P_2'(1', 2', 3', 4')$ 所构成的角分别对应相等,故由这两组射线所成角的正弦构成的交比当然相等。

(d) 施泰纳的圆锥曲线实际上是建立在这个定义的基础上;因为他是从两组"射影相关的"射线束出发的,而在这两组射线中,两组对应的 4 条射线有相同的交比。所以,圆锥曲线是两组对应射线的交点的轨迹。

　　这几点说明已足以使你们明白射影变换对圆锥曲线理论的重要意义。你们可以在任何一本射影几何教材中找到更完善的说明。

　　现在进入与本章有关的更广泛的内容,讨论不属于至今所考虑过的线性变换范围以内的新的几何变换,从位移转入最一般的几何射影。

第十七章　高阶点变换

现在我们将研究不是由线性函数,而是由高阶有理函数,甚至是超越函数

$$x' = \phi(x, y, z), y' = \chi(x, y, z), z' = \psi(x, y, z)$$

所表示的变换。

按本讲义的计划,我不给出系统论述,只介绍一系列在纯数学,尤其在数学应用上有一般意义的特别例子。

17.1　反演变换

本变换将每点 P 变成连接 P 与原点 O 的直线上的点 P',使 $OP \cdot OP'$ 等于给定常数(图 17.1)。

正如你们所知道的,这个变换在纯数学,特别在复变函数理论里起到十分重要的作用,但在物理学和其他的应用中较少出现。后面将充分讨论常数为 1 的特殊应用情况。

1. 在处理这个变换时,仍从推导它在直角坐标系的方程出发。因点 P 与点 P' 在同一条通过点 O 的直线上,故有

$$x' : y' : z' = x : y : z 。 \quad (1)$$

图 17.1

又为了简单起见,设给定常数为 1,从距离 OP 与 OP' 的公式,可得

$$(x^2+y^2+z^2)(x'^2+y'^2+z'^2)=1。 \qquad (2)$$

因此,变换方程为

$$x'=\frac{x}{x^2+y^2+z^2},y'=\frac{y}{x^2+y^2+z^2},z'=\frac{z}{x^2+y^2+z^2}。 \qquad (3)$$

同样可得

$$x=\frac{x'}{x'^2+y'^2+z'^2},y=\frac{y'}{x'^2+y'^2+z'^2},$$

$$z=\frac{z'}{x'^2+y'^2+z'^2}。 \qquad (4)$$

因此,不仅 P' 的坐标由 P 的坐标有理地表达,P 的坐标也由 P' 的坐标有理地表达,而且在两种情况下所出现的函数相同。分母都是一个二次表达式。这里是一个所谓二次双有理变换的特殊情形。而且,存在着正反均为有理函数表示的、更广泛的一类双有理变换(一般是单值可逆)。它们以克雷莫纳(Cremona)变换为名,成为一个广泛发展的理论的对象,我至少会在讨论其中最简单的一种变换时提到它们。

2. 如(暂时)除去原点,则方程(3)和方程(4)表明,空间中每一点 P 对应于一点 P',反之,每点 P' 也对应一点 P。但如令 x,y,z 同时趋向于零,则方程(3)的分母是比分子高阶的无穷小,故 x',y',z' 变成无穷大。因此,可以称原点为变换的零点。反之,如 x',y',z' 以任意方式变成无穷大,按(4)式,x,y,z 都将趋向于零。因而,用早先的术语,可以说一个点对应于整个无穷远平面。但这个"无穷远平面"只是为了适应射影变换而采用的方便说法。它意味着,在这种变换下,空间的无穷远部分在性质上和平面一样,即它将变换成某一有

限平面上的点,这样可使定理排除例外,不必引入几种情况。这并不妨碍我们在这里采用不同的表达方式,使这里的定理同样毫无例外地成立。据我们的变换,空间的无穷远处被变换成一个点。因此,我们简单地说,只有一个无穷远点,它在我们的变换下对应于坐标原点。于是,我们的变换事实上成为无例外的单值可逆变换。

这里也像在我们前面的说明中一样,必须强调:关于无穷远的真实性质,我们所考虑的,一点也没有形而上学的意思。当然总是有人由于习惯上偏向于这一种或那一种的表达形式而希望对无穷远赋予超越的意义。这类两种观点的拥护者有时陷于争论不休的情况。当然,两者都是错误的。他们忘记了我们真正关心的是为了适合某一个目的而做出的任意约定。

3. 我们的变换的主要性质,一般地说是把球转变为球。事实上,球面方程具有形式

$$A(x'^2+y'^2+z'^2)+Bx'+Cy'+Dz'+E=0。 \tag{5}$$

用(3)式的值 x',y',z' 代入,以 $x'^2+y'^2+z'^2$ 除全式,借助于(2)式,可得 $A+Bx+Cy+Dz+E(x^2+y^2+z^2)=0$,这确实是一个球面方程。事实上,应该指出,方程(5)也包括平面(当 $A=0$ 时),在这里可以把它当作一个特殊的球面,而事实上是包含无穷远点的球面。在我们的变换下,它们变成通过与无穷远点对应的点即原点的球。反之,任何经过原点的球变成通过无穷远点的球面,即平面。有了这个规定,球对应球的定理就毫无例外地成立了。

由于两个球面(一个球面和一个平面也同样如此)相交于一个圆,因此也导出圆总是对应于圆,在此,直线是作为"通过无穷远点的圆"而包含在内的。反之,在我们的变换下,一条直线对应于一个通过原点的圆。

4. 如果以平面的变换为限,上述定理当然仍然成立。例如直线

运动问题,这是一个非常初等的问题,而实际上属于非数学家的兴趣范围,但是有了上述定理,才使这个问题得到了一个漂亮的解答。问题是借助一个链杆系统控制一点沿直线运动。从前在制造蒸汽机时,特别重要的是设计一种机械,使活塞的直线运动转换成曲柄的圆周运动。

　　这使我们对法国军官波塞利耶(Peaucellier)于 1864 年制造的"逆转器"产生了兴趣。这个机械装置轰动一时,尽管结构十分简单而明显。此装置由 6 个连杆组成(图 17.2)。两条长为 l 的杆连接在固定点 O 上;另外 4 条长为 m 的杆形成一个菱形,其一对顶点是杆 l 的端点。设菱形的自由顶点为 P 与 P'。这个装置有两个自由度:首先,可使两个杆 l 任意相互倾斜;其次,可使这两个杆一起绕点 O 旋转。但每当发生这种运动,OPP' 仍在一条直线上,这是不难用几何方法证明的,且积

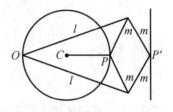

图 17.2

$$OP \cdot OP' = l^2 - m^2 = 常数$$

与 P 的位置无关。因此,这个装置实际上实现了以点 O 为中心的一种反演变换。我们只需要使点 P 沿一个过点 O 的圆移动,即可迫使点 P'(按上述第 3 点中的定理)沿一条直线移动。如果将点 P 附在第七条杆 PC 上,其另一端点 C 固定在点 O 与点 P 的初始位置的中点,即可产生这种结果,这样就只剩下一个自由度,即点 P' 将沿一条直线移动。应该指出,点 P' 不可能遍历整个无限直线,由于给定的杆长不允许过分移动,它的自由移动将受到它到点 O 的距离不得超过 $l+m$ 的限制。在某些模型中,点 C 有小小的移动,因而点 P 所经

历的圆只是接近点 O,故点 P' 不是在一条直线上而是在一个半径大的圆周上移动。这个装置的这种用法也可能常常会用到。[①]

5. 在反演变换的一般性质中,我最后要强调的是保角性。这意味着,两曲面在其交线上任一点所构成之角在变换后仍保持不变。因为我不涉及这方面的细节,故略去其证明。

6. 球极平面射影在应用中也起到很重要的作用,可以把它看作是反演变换中特殊的一章节。它的获得如下所述:设想一个球面,经反演变换变成固定平面 $z'=1$。根据(3)式中第三式,这个球的方程是

$$1 = \frac{z}{x^2 + y^2 + z^2}。$$

可将其写成

$$x^2 + y^2 + \left(z - \frac{1}{2}\right)^2 = \frac{1}{4}。$$

因此,这个被变换成平面 $z'=1$ 的球,半径为 $\frac{1}{2}$,其中心在 z 轴上点 $z = \frac{1}{2}$ 处。它经过原点且与像平面 $z'=1$ 相切(图 17.3)。如果利用通过中心 O 与对应点的空间射线束,那就可以立即把球面与平面的关系弄清楚,并发现相应的点。我们将不加证明地叙述下列定理:

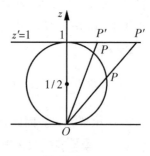

图 17.3

① [还可参考 A. B. 肯普(A. B. Kempe)的《怎样画直线》,伦敦,1877 年;以及黑森贝格(G. Hessenberg)的 *Gelenkmechanismus zur Kreisverwandtschaft*,发表于 *Naturwissen-schaftlich-medezinischen Abhandlungen der Württembergischen Gesellschaft zur Förderung der Wissenshaften*,Abteilung Tübingen,第 6 分册,1924 年。]

（1）如果把平面的无穷远部分当作一个点，且它被映射为球面的点 O，则此映射是全平面上单值可逆的。

（2）球面上的圆对应于平面上的圆，特别是通过点 O 的圆对应于过无穷远点的圆，即直线。

（3）两个曲面上的对应关系是保角的，或习惯地说，此变换是共形的。

你们当然知道，这个球极平面射影在复变函数论中具有十分重要的意义，我在去年冬天的讲座中经常利用它。[①] 关于其他方面的同等重要的应用，我要提到地理学与天文学。古代天文学家已经知道球极平面射影，即使今天，你们也会在地球的半球和两极区域的地图上看到球极平面射影。

下面对最后所说的应用领域举若干个例子。

17.2　某些较一般的映射射影

讲到这里，我觉得可以先讲一段闲话。首先，地理绘图理论是中学的一门重要课程。地图是怎么画的，每个中学生都会感兴趣。数学教师如果能介绍一些这方面的知识，就比只讲抽象问题要生动。因此，未来的教师都应了解这个数学领域，而且这个领域能为数学家提供一些有趣的、有关点变换的例子。

如果一开始就把地球想象成从南极到 x-y 平面的球极平面投影，那对讲清这方面的问题会有极大的好处。这样的话，相对于那一个极点，任何投到 $\xi\eta$ 平面上的其他映射，将由两个方程 $\xi=\phi(x,y)$，$\eta=\chi(x,y)$ 给出。

------

① 见第一卷第六章 6.2。

　　实践中用得最多的是保角映射。如果我们把复变量 $\xi+i\eta$ 看成是复变量 $x+iy$ 的一个解析函数

$$\xi+i\eta=f(x+iy)=\phi(x,y)+i\chi(x,y),$$

则如复变函数论中所述,即得到这些映射。但我要强调,地理学中常常用到的,恰恰是不保角的映射。因而,共形映射不应像通常那样被看成是唯一重要的映射。

　　在共形映射中占有显著地位的是数学家墨卡托(G. Mercator)于 1550 年左右发现的所谓墨卡托投影。每一本地图册里的地球投影,用的都是墨卡托投影。

　　墨卡托投影选择对数函数为解析函数。它由方程 $\xi+i\eta=\log(x+iy)$ 给出。

　　作为数学家,我们能立即从这个简短的公式推出射影的性质,但对没有数学训练的地理学家,墨卡托投影的处理当然较为困难。在 x-y 平面引入极坐标系(图 17.4),即令 $x+iy=re^{i\varphi}$,则有

$$\xi+i\eta=\log(r\cdot e^{i\varphi})=\log r+i\phi。$$

故 $\xi=\log r,\eta=\phi$。

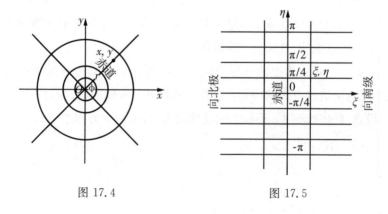

图 17.4　　　　　　　　　　　　　图 17.5

我们取地球的南极为地极平面射影的中心,则 x-y 平面的原点 O 对应于地球北极,而射线 $\phi=$ 常数在 x-y 平面上对应于经线。于是,在墨卡托投影里(图 17.5),经线变为 $\eta=$ 常数,即平行于 ξ 轴。其上的北极($r=0,\xi=-\infty$)和南极($r=+\infty,\xi=+\infty$),分别位于左侧和右侧无穷远点。因为角 ϕ 未确定,可能相差 2π 的倍数,所以这个映射有无穷多值,每条平行于 ξ 轴、宽为 2π 的带,给出了整个地球表面的映像。$r=$ 常数的纬线圆在墨卡托映射中变成平行线 $\xi=$ 常数,也就是说,由于角理所当然保持不变,因此它们是经线映像的正交轨线。赤道($r=1$)对应于 η 轴($\xi=0$)。

这个例子可能促使你们进一步研究地理学中的许多映射变换,不过我现在要注意讨论其中一个更一般的定理。你们当中钻研过地理学的人,必然听说过蒂索(Tissot)定理[1],从我们的观点出发,是很容易把它的内容搞清楚的。

设在 x-y 平面上和 ξ-η 平面上各有一个表示地球表面的地图,其中每一个的映射都可以是任意的,且不必是保角的。两个映射彼此有某种关系,可将其写成形式 $\xi=\phi(x,y),\eta=\chi(x,y)$。

我们考察两对应点 (x_0,y_0) 和 (ξ_0,η_0) 的邻域,其中 $\xi_0=\phi(x_0,y_0),\eta_0=\chi(x_0,y_0)$。为此,我们用方程

$$x=x_0+x',\quad y=y_0+y',$$

$$\xi=\xi_0+\xi',\quad \eta=\eta_0+\eta'$$

引入新变量 (x',y') 和 (ξ',η')。按泰勒定理展开,可得

---

[1]　他在 *Die Netzenentwürfe geographischer Karten nebst Aufgaben über Abbildungen beliebiger Flächen auf einander* 一书中发表了这个定理,该书由哈默译成德文,1887 年出版于斯图加特。

$$\xi' = \left(\frac{\partial \phi}{\partial x}\right)_0 \cdot x' + \left(\frac{\partial \phi}{\partial y}\right)_0 \cdot y' + \cdots,$$

$$\eta' = \left(\frac{\partial \chi}{\partial x}\right)_0 \cdot x' + \left(\frac{\partial \chi}{\partial y}\right)_0 \cdot y' + \cdots,$$

其中导数取于点 $x=x_0, y=y_0$，高阶项则由省略号表示之。我们现在以一个充分小的邻域为限，使列出的线性项对实际值 (ξ', η') 给出足够的近似。这当然意味着把没有这种邻域的奇点 (x_0, y_0) 排除在外。因此，所有 4 个偏导数同时为零的点被除外，从而使线性项给出一个有用的近似。于是，如果只考虑这样得到的，在 (x', y') 与 (ξ', η') 之间的线性方程，我们立即得到组成蒂索映射基础的基本定理：两个同一地域的地图，在一个非奇点的邻域内近似地由一个仿射变换联系起来。如果应用前面关于仿射变换的定理，实际上就得到了所谓蒂索定理的全部结果。

我只提醒你们注意几个要点。我们知道，一切都依赖于仿射变换的行列式，即行列式

$$\Delta = \begin{vmatrix} \left(\frac{\partial \varphi}{\partial x}\right)_0 & \left(\frac{\partial \varphi}{\partial y}\right)_0 \\ \left(\frac{\partial \chi}{\partial x}\right)_0 & \left(\frac{\partial \chi}{\partial y}\right)_0 \end{vmatrix}。$$

这个行列式被称为在点 $x=x_0, y=y_0$ 处函数 ϕ 与 χ 的函数行列式。在应用中，我们总是避免 $\Delta=0$ 的情形，因为在这种情形下，在 x-y 平面的点 (x_0, y_0) 的邻域将被映射成 $\xi\eta$ 平面上的一条曲线段，地理学家很难把这种图当作有用的图。因此，我们要考虑 $\Delta \neq 0$。在前面讨论中，我们已弄清这种仿射变换的性质，因此可以利用下述定理：点 (ξ_0, η_0) 的邻域可以在我们所关心的精确度以内从点 (x_0, y_0) 的邻

域求出,即:使后者经过一个沿两垂直方向的纯粹变形,再转过一个适当的角度。你们会在蒂索的书中发现,他实际上对这个定理给出了一个特别清楚的推导。同时,你们可以在这里看到一个有趣的例子,说明关心应用的人如何努力满足对其所研究科目的数学要求。对于数学家来说,事情总是显得非常简单,但是了解一下这些应用的要求,仍然是有益的。

下面就来讨论点变换的一般情况。

17.3　最一般的可逆单值连续点变换

我们至今讨论过的所有映射函数,都是连续和逐次可微的,事实上也都是解析的(可展为泰勒级数的)。但我们允许有多值,甚至无穷多值函数(例如对数)。现在提出我们的主要要求是:映射函数应该是无例外的单值可逆函数。我们也假设它们是连续的。但对导数的存在性等不作任何假设。我们要问的是在这最一般的单值可逆连续变换下保持不变的几何图形性质。设想例如有一个橡胶做的曲面和固体,其上画有图形。如果橡胶物在不被撕破的前提下任意变形,那么这些图形中有哪些东西保持不变呢?

我们在处理这个问题时发现的所有性质,组成所谓拓扑学这样一个领域。我们可以称它为依赖于位置而完全不依赖于大小的那些性质的科学。这个名称来自黎曼。在1857年的著名论文《解析函数理论》[①]中,他对函数论的兴趣使他进入这些研究之中。从那时起,拓扑学常常不在几何学书中叙述,而在函数论中用到它的地方加以

----

① *Journal für die reine und angewandte Mathematik*,第54卷,或《黎曼全集》(1892年,莱比锡,第2版),第88页。黎曼追随莱布尼茨,在这里把"解析"一词用于方法论上的本义,不是当作一个数学术语。

讨论。但莫比乌斯却不这样,他在 1863 年写的论文①中是从纯粹几何意义去讨论拓扑学的。他称那些在可逆单值连续变形下互相变换的图形为"基本相关"图形,因为在那些变换下保持不变的性质是最简单的性质。

这里将以曲面的研究为限。我们应指出由莫比乌斯首先发现而被黎曼完全忽视的一个性质——界限,即关于一个曲面是单侧还是双侧的区分问题。我们已经在本卷第一章中讨论过单侧莫比乌斯带,通过其上的连续移动,能使人不知不觉地从一侧转到另一侧,因而两侧之间的区分失去任何意义。显然,这个性质在所有连续变形下都被保留着。因此,在拓扑中,我们从开始起就必须真正区分出单侧曲面与双侧曲面。

为了简单起见,这里只讨论双侧曲面,特别是因为在复函数论中通常只考虑它们。但单侧曲面的理论本质上也不难。对于在拓扑意义上的一个曲面,已发现有完全刻画它的两个自然数:它的边界曲线个数 μ,以及不能把它分成几部分的封闭切口个数 p 即所谓亏格。更准确说两个双侧曲面彼此能进行可逆单值连续变换(它们是"基本相关的",现在称为同胚)的充分必要条件,是这两个曲面有相同的两个数 μ 和 p。这个定理证明起来就太啰唆了,我只能用几个例子来说明这些数 μ 和 p。

我们设想 3 个曲面一个接一个摆在一起,一个是球面,一个是环面,再一个是双环面,如图 17.6 所示。每个都是封闭曲面,即没有边界曲线,因此 $\mu=0$;在第一个例子中,每个闭合切口把曲面分成两个分离的部分,故 $p=0$。在第二个例子中,经线 c 代表一个不把曲面

① *Theorie der elementaren Verwandtschaft*,Berichte über die Verhandlungen der königlich Sächsischen Gesellschaft der Wissenschaften(mathematischphysikalische Klasse),第 15 卷,第 18 页,或《全集》,第 2 卷(莱比锡,1886 年),第 433 页。

分离成两部分的闭合切口。但在画了曲线 c 之后,任何其他闭合切口都会将曲面分成两部分,这正是我们所谓的 $p=1$ 的情况。在第三个例子中,两个分离的柄上有不同的经线 c_1 和 c_2,这表明 $p=2$。增加更多的柄,能得到具有任意数值 p 的曲面。另一方面,在这些曲面上钻若干个小孔或洞,每个小孔或洞增加一条边界,从而可以得到异于零的任意整数 μ。因此,我们实际上能做出具有任意数值 p 和 μ 的曲面,而且所有其他具有相同 p 和 u 值的曲面必然和它们同胚,不论它们的外观如何不同。函数论中给出许多这种曲面的例子。

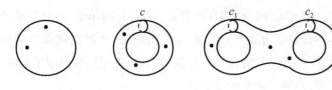

图 17.6

这里也必须解释一下黎曼引出的连通性这个术语。他用数 $2p+\mu$ 来表示,并称此曲面为 $2p+\mu$ 重连通的。如 $2p+\mu=1$,则曲面为单连通的,这时 $p=0,\mu=1$,即曲面与有一个孔的球面同胚;我们可以扩大那个洞,使球面连续变形成一个圆盘(图 17.7)。

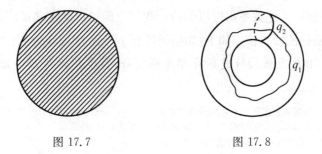

图 17.7   图 17.8

黎曼也引出了"交叉切口"的概念,即把一个边界点与另一个边界点相连的切口。因此,只有真正存在有边界的曲面时,即仅当 $\mu>0$ 时,才谈得上交叉切口。我们能证明下述定理:每个交叉切口把连通性重数减少 1,特别是任何 $\mu>0$ 的曲面可用 $2p+\mu-1$ 个交叉切口变成单连通曲面。请考虑带有一个孔的环面(图17.8,$p=\mu=1$),并从这个孔画出第一个交叉切口 q_1,它当然必定返回这个孔。然后我们从第一个切口出发,并以此切口为终点,画出第二个交叉切口 q_2,它完全与图 17.7 中环面闭合切口相似。于是连通性重数从 $2\times1+1=3$ 减为 1。

至于拓扑学的文献,在 M. 德恩和 P. 希加德所写,收于《数学百科全书》(ⅢAB3)的条文中,列出了一张详尽的单子,不仅包括曲面,而且包括任意扩充的位形。不过说实在的,所列文献都非常抽象。对于初学者来说,最好读比较好懂的东西,先用简单的例子来解释一般的思想,再进入抽象的理论。[①]

拓扑可应用于物理学,特别是位势理论。但它通过欧拉的多面体定理也渗入了中学的教学内容。对此,我想说几句话。欧拉发现,对任何具有 E 个顶点、K 条棱与 F 个面的普通多面体,必有关系式 $E+F=K+2$。如果我们使此多面体以任意方式作可逆单值连续变换(形),这些数字和关系将保持不变。故当 E,F,K 是球面或与它同态的曲面的任意划分的顶点、面和棱数时,只要所分成的各部分是单连通的,上述关系仍得以保持。我们立即可将此定理推广到有任意亏格的曲面。推广如下:如果把带有 p 个闭合切口而不会解体的曲面,用 K 条线段分成 F 个单连通部分,且设共得到 E 个顶点,则

① 最新的著作是 B. v. 凯雷克亚尔托(B. v. Kerékjartó)的《拓扑学讲义》(Vorlesungen über Topologie,仅出版第一卷),柏林,施普林格出版社,1923 年。另一篇拓扑文章即将发表在《数学百科全书》,作者为 H. 蒂策(H. Tietze)。

有 $E+F=K+2-2p$。我让你们去提出说明的例子，并思考定理的证明。当然这个定理还可以推广。

　　点变换的理论就讲到这里为止。下面把点转换成其他空间元素，以便对这类最重要的变换取得若干了解。

第十八章　空间元素改变而造成的变换

18.1　对偶变换

最明显的情形是在二维区域中点与直线的交换,或在三维区域内点与平面的交换这种对应关系。我们只讨论前一种情形,并遵循普吕克于 1831 年在《解析几何论》第二部分所采用的思路。我们从解析叙述开始。

我们曾讨论过普吕克的第一个思想,是把直线方程

$$ux+vy=1 \tag{1}$$

中的系数 u,v 放在与普通坐标同等的地位上,即视 u,v 为直线坐标,并以这两类坐标的类比"对偶"方法,建立起解析几何结构。因此,在平面上,曲线可作为由点方程 $f(x,y)=0$ 给出的点的轨迹,也可作为由线方程 $g(u,v)=0$ 确定的一阶无穷个直线族的包络,这两者是相互对应的。

只有除平面 E 外加上另一个平面 E',且在 E 上的线坐标 u,v 与 E' 上的点坐标 x',y' 之间建立了对应关系之后,才能得到我们所要考虑的变换。因此,这类最一般的变换将由两个方程

$$u=\phi(x',y'),v=\chi(x',y') \tag{2}$$

给出,即每个 E' 上的点 (x',y'),对应于 E 上的将 (2) 式之值代入 (1)

式所得方程之直线。

1. 首先让我们考虑这种变换的最简单的例子,即由方程

$$u=x',v=y' \tag{3}$$

给出的变换。据此变换,E' 中的点 (x',y') 将对应于 E 中直线

$$x'x+y'y=1。 \tag{3a}$$

如果现在把平面 E 和 E' 叠在一起,使它们的坐标系一致,我们就会看到,这个方程代表点 (x',y') 相对于围绕原点的单位圆 $(x^2+y^2=1)$ 的极线。所以,我们的变换是大家知道的对于圆的极线关系(图 18.1)。

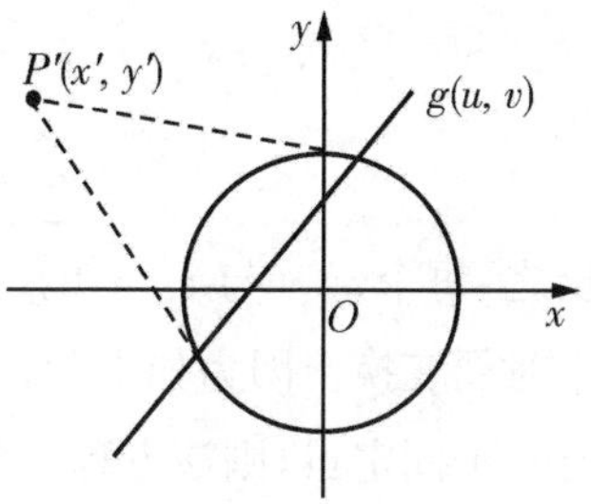

我们注意到,一个方程(3a)已足以代替两个方程(3)来确定这种关系,因为它是对应于任意点 (x',y') 的直线的方程。由于在这个方程中,x,y 和 x',y' 是完全对称的,故平面 E 与 E' 在我们的关系中必然起到同样作用,即 E 中的每个点必然也对应于 E' 中的一条直线。当两平面放在一起后,我们把点看成在 E 或 E' 上是没有区别的。对第一个性质,我们称变换在狭义下是对偶的,而第二个性质为可逆性。因此不需要对这两个平面作任何区分,可以简单地说一个确定的极线与一个极点的对应,然后用"导出的位形"一章中所说的方法表达其互逆性质。

就此变换的其他性质而论,我只说明,E' 内的点 (x',y') 的轨迹曲线,将对应于 E 内对应直线 (u,v) 的包络。

2. 用类似于前面讨论最一般的"共线性"时所用的方法,不难证明,如果推广(3)式的假设,令 u,v 为 x',y' 的具有相同分母的线性分式函数

图 18.1

$$\begin{cases} u = \dfrac{a_1 x' + b_1 y' + c_1}{a_3 x' + b_3 y' + c_3}, \\[2mm] u = \dfrac{a_2 x' + b_2 y' + c_2}{a_3 x' + b_3 y' + c_3}, \end{cases} \tag{4}$$

就得到最一般的对偶关系。把 u,v 的这些值代入(1)式中,并乘以公分母,注意到 9 个系数 $a_1,\cdots,c_3$ 是任意的,就得到关于 x 与 y,以及 x' 与 y' 的最一般的线性方程

$$a_1 xx' + b_1 xy' + c_1 x + a_2 yx' + b_2 yy' + c_2 y$$
$$-a_3 x' - b_3 y' - c_3 = 0 \text{。} \tag{4a}$$

反之,每个 x,y 与 x',y' 的"双线性"方程,代表平面 E 与 E' 之间的一个对偶变换。因为如果假设一对坐标是常数,即设想在一个平面上有一个固定点,则该方程对其他两个坐标是线性的,并代表对应于此点的另一平面上的一条直线。

3. 除非在方程(4a)的两个对称项有相同的系数,否则这个关系在前面定义的意义下一般是不可互逆的。在这种情况下,方程化为

$$Axx' + B(xy' + yx') + Cyy' + D(x + x')$$
$$+ E(y + y') + F = 0 \text{。} \tag{5}$$

这样确定的变换是大家从圆锥曲线理论中已经了解的。它表达了方程为

$$Ax^2 + 2Bxy + Cy^2 + 2Dx + 2Ey + F = 0$$

的圆锥曲线的极线与极点的对应关系,每个这种极线关系是对偶的,并且是可逆的。

由此出发,我们可立即考虑更一般的,因空间元素改变而造成的一类变换,即相切变换。

18.2　相切变换

如果我们从两平面的 4 个点坐标的一个任意高阶方程

$$\Omega(x,y;x',y')=0 \tag{1}$$

出发，以代替双线性方程(4a)，就得到索菲斯·李命名的相切变换。我们假设此方程满足连续性条件，按照普吕克的说法，它被称为准线方程。关于平面几何上的问题，在前述普吕克的著作中都可以找到有关研究。[1] 首先使 x,y 固定，即考虑平面 E 中一定点 $P(x,y)$（图 18.2）。于是，对流动坐标 x',y' 而言，方程 $\Omega=0$ 代表平面 E' 中一条确定的曲线 C'，像刚才对待直线一样，使这条曲线作为空间 E' 的一个新元素对应于点 P。但当我们在 E' 上（例如在曲线 C' 上）取一固定点 $P'(x',y')$，则同一方程 $\Omega=0$ 在把 x,y 当作固定坐标而把 x,y 当作流动坐标时代表平面 E 内一条曲线 C。当然此曲线 C 必然通过第一点 P。用这种方法，建立了平面 E 中点 P 与平面 E' 中的 ∞^2 曲线 C' 之间和平面 E' 中点 P' 与平面 E 中的 ∞^2 曲线 C 之间的对应关系，正如前面建立的点与直线间的对应关系一样。

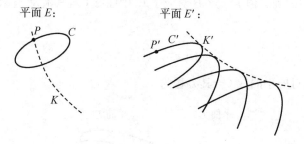

平面 E：

平面 E'：

图 18.2

---

[1]　见普吕克的 *Neue Geometrie des Raumes gegründet auf die Betrachtung der geraden Linie als Raumelement*，第 259—265 页。

如果现在使平面 E 中点 P 沿一条任意曲线 K(用虚线表示)移动,则点 P 的每个位置将对应于平面 E' 中一条确定曲线 C'。为了从曲线 C' 所组成的单重无穷个族中求得平面 E' 中的一条能与平面 E 中曲线 K 相对应的曲线,我们对它应用在对偶关系中用过的包络原理:我们使按方程 $\Omega=0$ 确定的、在 E' 中与 K 的点对应的曲线族 C' 的包络 K' 对应于 K。显然,我们可以从 E' 中任意曲线 K' 出发作同样的讨论。于是从准线方程 $\Omega=0$ 导出了两个平面之间的变换,使其一个平面上的每条曲线对应于另一个平面的确定曲线。

为了从解析的观点来理解这个讨论,让我们像在微分学中为了清楚起见所习惯做的那样,用具有短边的折线来代替曲线 K,并问什么东西对应于这样的一段边。当然,我们总会记住作为极限而过渡到曲线,所以实际上把折线的边理解为点 P 和它的移动方向(K 在点 P 的切线方向)。这一切组成所谓线段元素。现在在这个从 P 出发的方向上选一点 P_1(图 18.3),它具有坐标 $x+\mathrm{d}x,y+\mathrm{d}y$,其中 $\mathrm{d}x,\mathrm{d}y$ 是小量并且最终接近于 0,但总有 $\dfrac{\mathrm{d}y}{\mathrm{d}x}$ 代表在点 P 给定方向的确定值 p。点 P 对应于 E' 中曲线 C',其流动坐标 x',y' 的方程为

$$\Omega(x,y;x',y')=0。$$

点 P_1 对应于曲线 C_1',其方程为

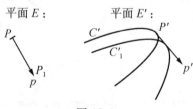

图 18.3

$$\Omega(x+\mathrm{d}x,y+\mathrm{d}y;x',y')=0。$$

按 $\mathrm{d}x,\mathrm{d}y$ 展开它，由于将过渡到极限，因此只保留线性项，我们得

$$\Omega(x,y;x',y')+\frac{\partial\Omega}{\partial x}\mathrm{d}x+\frac{\partial\Omega}{\partial y}\mathrm{d}y=0。$$

这两个方程给出了曲线 C' 与曲线 C_1' 的交点坐标 x' 和 y'，过渡到极限即得曲线 C' 与包络 K' 的相切点。因为 $\frac{\mathrm{d}y}{\mathrm{d}x}=p$，我们可将这些方程写成

$$\begin{cases} \Omega(x,y;x',y')=0, \\ \dfrac{\partial\Omega}{\partial x}+\dfrac{\partial\Omega}{\partial y}p=0, \end{cases} \tag{2}$$

而且，在极限情况下，曲线 C' 与曲线 C_1' 在点 P' 有一个由方程 $\frac{\mathrm{d}y'}{\mathrm{d}x'}=p'$ 给出的公切线方向，它也是包络 K' 在 P' 的方向。因 $\Omega=0$ 是曲线 C' 的流动坐标 x' 与 y' 的方程，此切线方向由方程

$$\frac{\partial\Omega}{\partial x'}\mathrm{d}x'+\frac{\partial\Omega}{\partial y'}\mathrm{d}y'=0$$

或

$$\frac{\partial\Omega}{\partial x'}+\frac{\partial\Omega}{\partial y'}p'=0 \tag{3}$$

确定。

因此，知道 K 上一点 P 及 P 处切线方向 p，那么对应于曲线 K' 上的点 P'，就同在 P' 的方向 p' 一起确定了。因此，通过我们的交换，在平面 E 的每个线元 x,y,p 与平面 E' 的一个确定的线元 x'，y',p' 之间，用方程(2)和方程(3)建立了对应关系。

如果用这个方法来确定逼近对应曲线 K（或 K 的每个线元）的折线的每个边，那就在 E' 上得到逼近对应于曲线 K'（或 K' 的线元）的折线的边。因此，当令坐标 x,y 和斜率 p 在 K 上一切点所给出的

值上移动时,即由解出 x',y'后的方程组(2),给出曲线 K' 的解析表达式(图 18.4)。

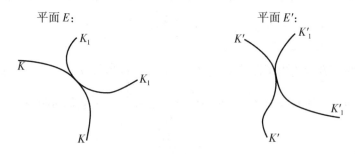

平面 E:

平面 E':

图 18.4

现在就清楚为什么李称这些变换为相切变换了。因为如在 E 上两曲线相切即意味着它们有一个公共直线元素;因此,在 E' 上的对应两曲线必然有一个公共的直线元素,即有一个公共点和过此点的公共方向。这样,两曲线的相切性在此变换下是不变量,这就是此名称的含义。李也广泛地对空间研究了这些相切变换的理论。从 1896 年开始,他与 G. 舍费尔斯一起在名为《切触变换几何》(*Geometrie der Berührungstransformationen*) 一书中做出了综合的表述,遗憾的是第 1 卷写完之后没有再写多少就中断了工作。[①]

简要地讨论了因空间元素改变而造成的变换理论之后,我将用若干具体例子来把这个理论说得更生动些,以便说明这些变换的应用。

18.3　某些例子

我首先讲对偶变换及它们在代数曲线形式的理论中所起的作

---

① 第 1 卷,莱比锡,1896 年。第 2 卷的前三章在李去世后发表在《数学年刊》第 59 卷(1904 年)上。

用。我们要问：如同关于圆锥曲线的互逆极关系那样，在对偶变换下典型曲线形状是如何变化的？当然，必须以若干典型情形为限。因此，首先考察具有奇数分支，且与每条直线相交于 1 个或 3 个实点的三次曲线。在下图（图 18.5）中有一条渐近线；但通过曲线射影变换，使得一条与它相交 3 个点的直线变到无穷，即可由此求得一个具有 3 条渐近线的曲线形状。在任何情况下，曲线均有 3 个实的拐点，而这些拐点都具有共线性的特殊性质。取此曲线的对偶，得到一条从任一点可作 1 条或 3 条切线的三类曲线，而拐点必然对应于一个尖点，仔细想一想就清楚了。在此导出的这种三类曲线（图 18.6）有 3 个尖点，而且这些尖点的切线必然经过一点 P'，它对应于 3 个拐点所在的直线 g。

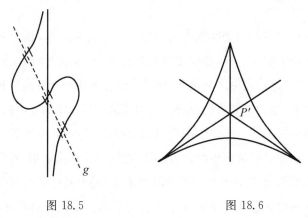

图 18.5　　　　　　　　　　　图 18.6

现在对四次和四类曲线作类似的简短说明。一条四次曲线可能像一个凹进去的卵形线，事实上也存在着具有 2 个、3 个或 4 个凹进去部分的形式（图 18.7）。在第一种情况下，有两个实拐点和一条双重切线；在其他情况下，则可能出现多达 8 个拐点和 4 条双重切线。如取其对偶，则必须补充说，一条二重切线的对偶是一个二重点。因此就会产生有 2—8 个尖点和 1—4 个二重点的四类曲线,如图 18.8 所示。小心作出代数曲线图形,有特别令人陶醉之处。遗憾的是我在这里不能再详谈,只能满足于这几句简单的提示。[①] 这些例子充分说明,初看起来似乎一点也不相像的东西,却因对偶变换而受同样规律的支配。

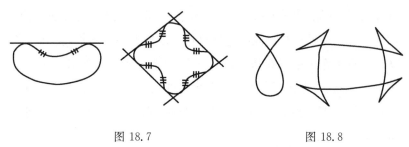

图 18.7　　　　　　　　　　　　图 18.8

现在讲讲相切变换理论的应用。十分有趣的是,和大多数真正好的理论的想法一样,相切变换的想法也有广泛的应用领域。事实上,在建立这种理论之前很久,数学家已在利用相切变换。我现在特别想到的,是古老的齿轮原理。它构成机械运动学的专门的一章,是机械制造的关键。前面刚刚讲过的直线作图装置,也属于运动学的范围。我在这些讲座中经常讲的话,在这里同样也适用:我当然只能从每个数学分支中挑出一部分内容来讲,竭力通过一些简单的例子把这些内容的意义和重要性尽可能讲明白。在我的启发和鼓励下,我相信你们一定会从专门的著作中找到详细的内容来充实我的讲解。在整个运动学领域,A. 熊夫利为《百科全书》(Ⅳ₃)所写的文章

---

① 可看 F. 克莱因《数学著作集》第 2 卷第 89 页及以后部分,第 136 页及以后部分,第 99 页及以后部分,柏林,施普林格出版社,1922 年。请看 *Über eine neue Art Riemannscher Flächen* 的两篇文章,以及 *Über den Verlauf der Abelschen Integrale bei den Kurven 4 Grades* 的第一篇文章。

是主要的指导文章,我建议你们一读。那篇文章还提供了大量相关文献的资料。

齿轮制造问题是把匀速运动从一个轮子传递到另一个轮子的问题,因为要同时传递力,所以让轮子一起滚动是不行的(图18.9)。其中有一个轮子必须装上凸块(齿),嵌入另一轮子的凹坑。因此,问题变成如何设计这些轮齿的形状,使得一个轮子的匀速转动带动另一个轮子的匀速转动。即使从几何

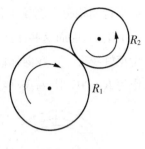

图 18.9

角度来看,这也是一个十分有趣的问题。我将给出解答的最重要的部分:一个轮子在根据齿与齿之间不能互相抵触等实用的限制条件下,仍旧可以任意选择,而另一个轮子的轮齿则随之完全被确定,因为事实上,它们是经过一个确定的相切变换而从第一个轮子的轮齿导出的。

我只简要地介绍一下这个定理是怎样得来的,不给出全部证明。首先注意到,我们只涉及两轮子的相互运动。因此,我们可以把其中的 R_1 看成是固定的;另一个轮子 R_2 除自身转动外,还绕 R_1 转动。因此,R_2 中每一点在 R_1 的固定平面内描出一条旋轮线,且依点在 R_2 周线的外部或内部而分别为长幅旋轮线(有尖点)或短幅旋轮线(图18.10)。由此推出,R_2 的运动平面的每一点对应于 R_1 平面的一条曲线。如果我们用已讨论过的办法,从表达这种对应关系的方程导出相切变换,那正好就是有关齿轮的相切变换。不难证明,在这个变换下相互对应的两曲线,实际上在这个运动中相互啮合。

最后要说说上述理论原则在实际的齿轮制造中取何种形式。我只讲最简单的情形:驱动副齿轮的齿形。这里,R_2 的齿是简单的点

(图 18.11)或小圆轴(因为点不能传递力),即副齿轮。每个这样的小圆,在相切变换下,对应于一条与外摆线稍有不同的曲线,即与摆线平行而相距为副轮半径的曲线。当 R_2 转动时,这些圆在这些曲线上滚动,因而这些曲线必须竖在 R_1 上的齿侧面,以便 R_2 的圆弧齿正好咬合。在我向你们展示的模型中,这些曲线的开始部分可以作为 R_1 的齿形,每条曲线的宽度正好使轮齿咬合。

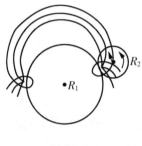

图 18.10

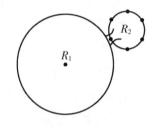

图 18.11

我再向你们介绍另外两个常用的轮齿形式:渐开线和摆线齿形。[①] 在前一个形式中,两个轮子的齿形都是圆的渐开线(图 18.12),即当一条线从一个圆周上拉开时生成的曲线,它的渐屈线是圆。在后一种形式中,轮齿由摆线的弧组成。

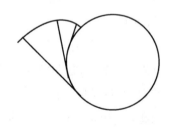

图 18.12

我希望至少已向你们介绍了有关空间元素改变而造成的变换的初步知识。在结束关于变换的第二大部分之前,我必须对我所讲的内容加以补充,讨论不能忽略的另一重要章节,即虚元素的应用。

---

① 这些模型都是 F. 席林制造的(M. 席林公司,莱比锡)。

第十九章　虚数理论

你们知道,虚数理论首先是在代数和分析里发展起来的,特别是在方程论和复变函数论中取得了最大的成就。但除此之外,更早的时候,数学家们已在解析几何中对变量 x 和 y 取了复值 $x = x_1 + ix_2, y = y_1 + iy_2$,因而除实数点外加上了一个大的复数点流形,但这种说法只是从分析里借来的,没有对它指定任何适当的几何意义。

引入这个新概念的用处,当然在于:不必再由于实变量的限制而区分各种情况,并使一些定理得到统一的阐述而不致有例外的情况。我们在射影几何中也曾有过完全类似的考虑,结果引入了无穷远点和无穷远直线与无穷远平面。我们所做的,恰当地说是在直观上可接受的空间的常态点之外添加所谓的"变态点"。

我们现在要同时进行两个推广。为此,我们像以前一样,引入齐次坐标。目前暂时考虑平面上的情形,我们令 $x:y:1 = \xi:\eta:\tau$,并允许 ξ, η, τ 取复数值,将 $(0,0,0)$ 除外。例如,我们考虑二次齐次方程

$$A\xi^2 + 2B\xi\eta + C\eta^2 + 2D\xi\tau + 2E\eta\tau + F\tau^2 = 0, \tag{1}$$

并称满足它的所有数组 (ξ, η, τ)(不论它们代表有限点还是无穷远点)为一条二次曲线。有时也用圆锥曲线这个名字,但会造成误解。即使了解的人不至于误解,但不熟悉虚元素的人至少会如此。这种定义下的曲线不需要有一个实点。

我们现在联立方程(1)与线性方程

$$\alpha\xi+\beta\eta+\gamma\tau=0。 \tag{2}$$

把方程(2)当作一次曲线,即一条直线的定义。于是,这个方程组正好有两组公共值(ξ,η,τ),即一次曲线与二次曲线总有两交点,它们可以是实的或复的,有限的或无穷的,不同的或重合的。事实上,使这个定理产生例外的退化情形,是可以想象的。如果将方程(1)的左侧分解为两个线性因式,且其中之一与方程(2)相同,即如果二次曲线是一对直线,且方程(2)与其中之一相同,则方程(2)上的每个点都是公共点。这等于说,从所给方程组中消去一个变量而得到的二次方程的系数均化为零。当然,当给出方程组之一或两个的左端恒等于零($A=B=\cdots=F=0$,或$\alpha=\beta=\gamma=0$)时,会出现其他的退化情况。但我们将不考虑所有这些无关紧要的特殊情形,而考虑两条二次曲线。可以阐明这样的定理:两曲线总有4个公共点。

现在在空间引入齐次坐标$x:y:z:1=\xi:\eta:\zeta:\tau$,并对它们指定除$(0,0,0,0)$以外的任意复数值。这4个变量的线性齐次方程的全部解,称为一次曲面(平面);二次齐次方程的全部解,则为二次曲面。于是,如果抛去无关紧要的例外,一般情况下,一个二次曲面与一个平面的交线为一条二次曲线;两个二次曲面的交线为一条空间四次曲线,它与任一平面相交4个点。至于这些交线是否有实分支,或是否完全在有限区域内,则都不确定。

彭赛列早在1822年就在他的《论图形的射影性质》一书中对圆和球面应用了这些概念。他并未用齐次坐标,也未用由齐次坐标才可能构成的精确公式,他是按对几何连续性的强烈直觉进行讨论的。为了准确了解他的著名结果,我们从圆的方程

$$(x-a)^2+(y-b)^2=r^2$$

出发,将之写成齐次坐标形式

$$(\xi - a\tau)^2 + (\eta - b\tau)^2 - r^2\tau^2 = 0。$$

它与无穷远直线 $\tau = 0$ 的交点,将由方程

$$\xi^2 + \eta^2 = 0, \tau = 0$$

给出,代表圆特征的常数 a, b, r 在此结果中并不出现。因此,每个圆与无穷远直线相交于相同的两个固定点

$$\xi : \eta = \pm i, \tau = 0,$$

我们称之为虚圆点。用同样的方法可证明,每个球面与无穷远平面交于相同的虚圆锥曲线

$$\xi^2 + \eta^2 + \zeta^2 = 0, \tau = 0,$$

我们称之为虚球面圆。

其逆也是对的:每个二次曲线如果通过在它的平面上的虚圆点,则是一个圆;每个二次曲面如果包含虚球面圆,则是球面。这些就成了圆和球面的特征。

我们有意避免使用有时用到的"无穷远"圆点与"无穷远"球面等表述方式。事实上,从原点到虚圆点的距离,并不是像一下子会想到的那样,一定是无穷。反之,此距离具有形式 $\sqrt{x^2 + y^2} = \dfrac{\sqrt{\xi^2 + \eta^2}}{\tau} = \dfrac{0}{0}$,因此是不定式。根据趋向虚圆点的方式,可以对它指定任何极限值。类似地,任何有限点到虚圆点的距离是不定的,空间任意点到虚球面圆上一点的距离也如此。这是不足为奇的,因为我们要求这些虚圆点应与一个有限点的距离为 r(位于一个任意给定的半径为 r 的圆上),同时又应与它距离为无穷大。这个明显的矛盾,在解析式里只有通过不定性才能调和。这些简单的道理必须搞清楚,特别是因为经常有些不正确的说法和写法。

　　有了虚圆点和虚球面圆,就有可能把圆和球的理论十分协调地包括在二次位形的一般理论里,而在初等的讨论中,就似乎存在某种差异。例如,在初等解析几何里,总习惯说两个圆只有两个公共点,因为从方程中消去一个未知数后只产生一个二次方程。初等表示中没有考虑到两个圆在无穷远直线上还有两个公共的虚圆点。上述的一般理论实际上为我们提供了 4 个交点,正好是两个二次曲线所需有的交点数。类似地,总是习惯说两球面只相交于一个圆,而且可能是实的或虚的。但我们现在知道,各球面在无穷远平面上总是有公共的虚椭圆,加上有限圆,构成了一般定理所要求的两球面相交而得的四次曲线。

　　在这方面,我想就所谓虚变换说几句话。它表示一个具有虚系数的共线变换,并把我们考虑的虚点变成实点。因此,在虚圆点理论中,可以利用变换

$$\xi' = \xi,$$
$$\eta' = i\eta,$$
$$\tau' = \tau。$$

这个变换把方程 $\xi^2 + \eta^2 = 0$ 变成方程 $\xi'^2 - \eta'^2 = 0$,并将虚圆点 $\xi : \eta = \pm i, \tau = 0$ 变成实的无穷远点

$$\xi' : \eta' = \pm 1, \tau = 0。$$

它们是与坐标轴成 45° 角的两个方向上的无穷远点。因此,所有的圆被变换成通过这两个实无穷远点的圆锥曲线,即渐近线与坐标轴成 45° 的等轴双曲线(图 19.1)。借助这些双曲线的图形,所有关于圆的定理都能得到解释。这对于某些研究,特别是对

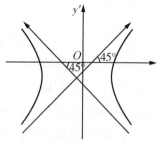

图 19.1

于空间的相应研究是十分有用的。我不准备超越本讲义的范围，只能限于这些简短的说明。比较完整的叙述，一般可以在射影几何教材中看到。

出现一个这样的问题：对这些虚点、平面、圆锥曲线等，是否能采取纯几何的处理方法，而不像我们到目前为止所做的那样，只是从公式进行推导？彭赛列和施泰纳等老一辈几何学家从未搞清楚这一点。对施泰纳来说，几何学中的虚数好像是幽灵，我们不能对它的存在获得一个清晰的观念，只在冥冥之中感受到它的影响。只有冯·施陶特在前已提及的《位置几何学》[①]和《续论位置几何学》[②]两书中才首先对这个问题给出了完整的答复。我们现在必须对他的见解作某些介绍。施陶特写的书是十分难读的，因为他的理论都是直接从最终形式推导出来的，不提解析公式，也没有关于归纳步骤的提示。人们能愉快地掌握的，只是随作者可能的思路发展而来的、供进一步思考的说法。施陶特写的两部著作，代表着他思想发展的两个不同的阶段，现在我要简单地加以说明。

他于 1846 年写的一本书主要是考虑实系数二次位形，我之所以说位形，是因为我想使维数不确定（直线、平面或空间）。例如请考虑在平面上的一条二次曲线，即一个实系数的 3 个变量的齐次二次方程

$$A\xi^2 + 2B\xi\eta + C\eta^2 + 2D\xi\tau + 2E\eta\tau + F\tau^2 = 0.$$

对于解析的讨论来说，这个方程是否有实解，即此二次曲线有实分支或只有复数点，是无关紧要的事。对纯几何学家来说，问题是在后一种情况下应如何想象这样的曲线，如何用几何方法来确定它。在一

---

① 纽伦堡，1846 年。
② 纽伦堡，1856—1860 年。

维范围内,当我们用一条直线,例如 x 轴 $\eta=0$,与曲线相交时,也出现同样的问题。这个交点不论是不是实的,都由实系数方程

$$A\xi^2+2D\xi\tau+F\tau^2=0$$

给出。而问题在于出现复根的情况下,是否能对它们赋予几何意义?

施陶特的思想如下:首先,他不考虑二次曲线,而考虑我们曾讨论过的二次曲线的极线系统,即由方程

$$A\xi\xi'+B(\xi\eta'+\xi'\eta)+C\eta\eta'+D(\xi\tau'+\xi'\tau)$$
$$+E(\eta\tau'+\eta'\tau)+F\tau\tau'=0$$

给出的一个对偶互逆关系。由于系数是实的,因此这是一个完全实的关系,它给出了每个实点与实线的对应关系而不论曲线本身是否是实的。另一方面,这个极线系统把曲线作为本身在其极线上那些点的总体而完全地确定下来。至于这些点是否实际存在的问题,则放在一边。但在任何情况下,极线系统总是由上述方程确定的二次曲线的实表示,且能代替曲线本身,成为研究的对象。

如果现在用 x 轴与这条曲线相交,即令 η 与 η' 等于 0,则用类比的方法,我们将得到一个由方程

$$A\xi\xi'+D(\xi\tau'+\xi'\tau)+F\tau\tau'=0$$

给出的一维实极线系统,总是使两个实点处于彼此可互逆的关系中。x 轴与曲线的各个交点是在这个极线系统中的两个自相对应的点,称之为基本点或阶点。它们可以是实的或虚的,但它们只有次要意义,主要的还是在于这个极线关系是它们的实表示。

为了指定在这个一维极线关系中相互对应的两个点 $\left(\dfrac{\xi}{\tau},\dfrac{\xi'}{\tau'}\right)$,我们应用对合的点对这个术语(它起源于 17 世纪的笛沙格[Desargues]),并按基本点是实或虚以及它们相重合的转移情形而将对合分成两个主要类型。在这里,对我们而言主要问题是对合概

念本身;至于在各个情况下的区别,即关于二次方程根的性质的问题,是第二位的。

这些讨论很容易推广到三维空间,实际上并未对虚数提供一个解释,但就二次位形来说,仍然为区别实与虚提供了一个基准点。每个二次位形由一个实的极面系统表示,而且能像对位形的实方程作解析运算一样,对这个极面系统作几何运算。

举一个能充分说明这一点的例子。考虑一条二次曲线,即在平面上给出的一个极线系统,还考虑一条直线。根据此曲线是否有实点,以及如有实点此直线与曲线是否相交于实点而直观地给出了许多可能的情况。在任何情况下,平面的极线系将在直线 g 上(图 19.2)建立一个线性极线系统,即一个对合。g 上的每一点 P,在第一个系统里对应于一条极线 p',它与直线 g 相交于点 P'。点 P,P' 取遍了有关对合。我们也可以问及基本点问题,并确定它们是实或虚。由这个讨论开始出现的方程所推导出的结果,都通过这些操作变成了几何语言。

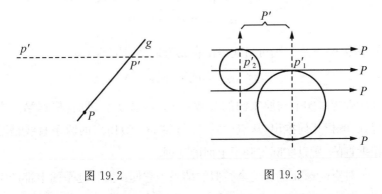

图 19.2　　　　　　　　　　图 19.3

我们将把这些考虑特别地运用于虚圆点和虚球面圆。我们以前说过,任何两圆与无穷远直线相交于同样两个点,即虚圆点。从几何上来说,这意味着,它们的极线系统在无穷远直线上建立了同样的一维极线系统,即同样的对合。事实上,如果我们画几条从无穷远点 P 到圆的切线,那么,作为这些切线的切点的连线,极线 p_1' 将垂直于它们的公共方向(图 19.3)。因为通过同样无穷远点的所有直线是平行的,所以相对于第二个圆,点 P 的极线 p_2' 将垂直于 p_1' 所垂直的方向,因而与 p_1' 平行。换句话说,p_1' 和 p_2' 与无穷远直线相交于同一点 P'。因此,在同一极线系统中所有圆的极线系统与无穷远直线相交于一点,即所谓"绝对对合",它的点对从任何有限点去看,都以相互垂直的方向出现。

现在用解析语言来表达这些思想。如果从圆的齐次方程

$$(\xi-a\tau)^2+(\eta-b\tau)^2-r^2\tau^2=0,$$

或

$$\xi^2+\eta^2-2a\xi\tau-2b\eta\tau+(a^2+b^2-r^2)\tau^2=0$$

出发,则对应的极关系是

$$\begin{aligned}\xi\xi'+\eta\eta'-a(\xi\tau'+\xi'\tau)-b(\eta\tau'+\eta'\tau)\\+(a^2+b^2-r^2)\tau\tau'=0。\end{aligned}$$

如果令 $\tau=\tau'=0$,则可由此得出在无穷远直线上的关系

$$\xi\xi'+\eta\eta'=0,\tau=0,\tau'=0。$$

这些方程事实上与原来圆的常数 a,b,c,r 无关。进而,根据第一方程,由解析几何推出,从点 $(\xi,\eta,0)$ 与 $(\xi',\eta',0)$ 作出的两条直线是互相垂直的,所以实际得到了上面的定理。

对空间球面也有完全类似的结果。它们在无穷远平面上都产生同样的,由方程组

$$\xi\xi'+\eta\eta'+\zeta\zeta'=0,\tau=0,\tau'=0$$

给出的所谓绝对极线关系。因为第一个方程表明方向 $\xi:\eta:\zeta$ 与 $\xi':$

$\eta':\zeta$ 是相互垂直的,所以,每个无穷远点 P,对应于在垂直于从一个有限点到 P 的方向的平面上的无穷远直线。故我们得到了关于虚球圆定理的一个实际几何等价物。

有人可能会说,在这个讨论中不如把虚数抛去,不加解释。首先对单独的虚点、直线、平面做出实际解释的,是施陶特。他在 1856—1860 年所写的《续论位置几何学》中,通过本定理的推广而给出了这种解释。下面我也要介绍一下这个解释,因为它实际上是简单而又巧妙的,其所以让人觉得奇怪与难懂,仅在于施陶特的抽象表示方法。我将采用施托尔茨(Stolz)在 1871 年给出的解析方法。[①] 施托尔茨和我那时一起都在哥廷根工作,我以前从来不敢读施陶特的书,他却先我而读了。因此在与他的个人往来中,我不仅了解了施陶特的这些思想,而且还了解了其他许多有趣的思想,后来我自己对施陶特的思想进行了大量的研究。这里,我只希望给出施陶特的最重要的思路而不讲其细节,仅以平面为限。

首先设用复坐标 (ξ,η,τ) 给出一个虚点,并将其实部和虚部分开如下

$$\xi=\xi_1+i\xi_2,\eta=\eta_1+i\eta_2,\tau=\tau_1+i\tau_2。 \tag{3}$$

现在我们希望构造一个实的图形,借以解释点 P,并使其"关系成为可射影的",较准确地说,使它在任何实射影变换下保持不变。

1. 第一个必要步骤是把注意力集中在由点 P 坐标的实部和虚部分别组成的点 P_1,P_2

$$P_1:\xi_1,\eta_1,\tau_1;P_2:\xi_2,\eta_2,\tau_2。 \tag{3a}$$

这两点是不同的,即不可能有关系 $\xi_1:\eta_1:\tau_1=\xi_2:\eta_2:\tau_2$,否则 $\xi:\eta:\tau$ 的

① "Die geometrische Bedeutung der complexen Elemente in der analytischen Geometrie",《数学年刊》第 4 卷,第 416 页,1871 年。

性质将和3个实数的一样,因而代表一个实点。因此,P_1,P_2 确定一个方程为

$$\begin{vmatrix} \xi & \eta & \tau \\ \xi_1 & \eta_1 & \tau_1 \\ \xi_2 & \eta_2 & \tau_2 \end{vmatrix}=0 \tag{4}$$

的实直线 g。这条直线既包含点 P,也包含其共轭虚点 $\overline{P}$,其坐标为

$$\bar{\xi}=\xi_1-\mathrm{i}\xi_2,\bar{\eta}=\eta_1-\mathrm{i}\eta_2,\bar{\tau}=\tau_1-\mathrm{i}\tau_2。 \tag{3b}$$

因为 P 与 $\overline{P}$ 的坐标均满足直线方程(2)。

2. 当然,这样作出的点对 P_1,P_2 绝不能作为虚点 P 的代表,因为它们本质上依赖于 ξ,η,τ 的各个值,而点 P 只与这些值的比有关。如果不用 ξ,η,τ,而用 ξ,η,τ 分别与一个任意复常数 $\rho=\rho_1+\mathrm{i}\rho_2$ 之积来代替,写成

$$\begin{cases} \rho\xi=\rho_1\xi_1-\rho_2\xi_2+\mathrm{i}(\rho_2\xi_1+\rho_1\xi_2),\\ \rho\eta=\rho_1\eta_1-\rho_2\eta_2+\mathrm{i}(\rho_2\eta_1+\rho_1\eta_2),\\ \rho\tau=\rho_1\tau_1-\rho_2\tau_2+\mathrm{i}(\rho_2\tau_1+\rho_1\tau_2), \end{cases} \tag{5}$$

那么同样的点 P 就得到了表示。但如果将其实部同虚部分出,我们得到代替点 P_1,P_2 的另外两个实点,其坐标为

$$\begin{cases} P_1': & \xi_1':\eta_1':\tau_1'=(\rho_1\xi_1-\rho_2\xi_2):(\rho_1\eta_1-\rho_2\eta_2):(\rho_1\tau_1-\rho_2\tau_2),\\ P_2': & \xi_2':\eta_2':\tau_2'=(\rho_2\xi_1+\rho_1\xi_2):(\rho_2\eta_1+\rho_1\eta_2):(\rho_2\tau_1+\rho_1\tau_2)。 \end{cases} \tag{5a}$$

如果我们考虑由所有值 ρ_1,ρ_2 给出的全部点对 P_1' 与 P_2',则我们有一个仅由比 $\xi:\eta:\tau$ 所求出的几何位形,即能拿来代表 P 的"几何"点 P,而且与 P 的联系实际上是射影联系。因为如果用任何实线性

方法变换 ξ,η,τ，则 ξ_1',η_1',τ_1' 与 ξ_2',η_2',τ_2' 也会得到同样的变换。

3. 现在，为了研究这些点对总体的几何性质，我们首先注意到，不论 ρ 的值如何，点 P_1' 与 P_2' 都在直线 P_1P_2 上（图 19.4），因为它们的坐标显然满足方程（4）。而且，如果让 ρ 取遍所有复数值，即

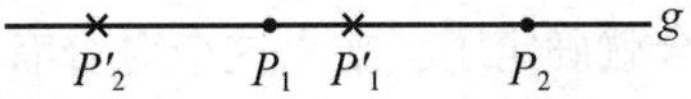

图 19.4

ρ_1 与 ρ_2 取遍所有实数值（一个公共实因子不会造成实质性差异），则 P_1' 取遍 g 的所有实点；而 P_2' 总是代表在 g 上唯一与 P_2' 对应的第二个实点。故对 $\rho_1=1,\rho_2=0$，作为对应点而得到 P_1 与 P_2。如果引入比例

$$\frac{\rho_2}{\rho_1}=-\lambda,$$

则对应关系会显得更为清楚。于是我们有

$$\begin{cases} P_1': & \xi_1':\eta_1':\tau_1'=(\xi_1+\lambda\xi_2):(\eta_1+\lambda\eta_2):(\tau_1+\lambda\tau_2), \\ P_2': & \xi_2':\eta_2':\tau_2'=\left(\xi_1-\frac{1}{\lambda}\xi_2\right):\left(\eta_1-\frac{1}{\lambda}\eta_2\right):\left(\tau_1-\frac{1}{\lambda}\tau_2\right). \end{cases} \tag{5b}$$

4. 从这些公式中也能推知，当 λ 变化时，P_1' 与 P_2' 变成 g 上一个对合的所有点对。因为如果在 g 上引入一个一维坐标系，则点 P_1' 与 P_2' 的齐次坐标分别变成方程（5b）中参数 $\lambda_1'=\lambda,\lambda_2'=-\frac{1}{\lambda}$ 的线性整函数。因此，两参数之间的方程 $\lambda_1'\cdot\lambda_2'=-1$ 在 P_1' 与 P_2' 的线性坐标之间产生一个对称双线性关系。

5. 对合的基本点，即由 $\lambda=-\frac{1}{\lambda}$ 或 $\lambda=\pm i$ 给出的相互对应点，它们都是虚的，其中之一是我们的出发点 P，另一是共轭虚点 $\overline{P}$。到目前为止，我们只是对施陶特的理论做出了一个新的解释。除点 P

外,我们也考虑了点 $\overline{P}$,它和 P 一起形成一个由实二次方程确定的二次一维位形,于是我们构造出了对合作为它的实代表。我提醒你们注意,如果我们知道点对中的两个,例如 P_1,P_2 与 P_1',P_2',这样的对合就确定了。如果这个对合有虚的基本点,其必要充分条件是这些点对相互交错,即点 P_1' 与 P_2' 中有一个应在点 P_1 与 P_2 之间,而另一个则在它们之外。

6. 为了完全解决我们的问题,我们只需用一个方法把 P 与 $\overline{P}$ 的公共代表变换成只是 P(或只是 $\overline{P}$)的一个代表。施陶特于 1856 年发现了这样一个方法,这是他的光辉思想的结晶。如果 λ 从 0 到 $+\infty$ 然后经负值返回到零取遍所有实数值,则具有坐标 $(\xi_1+\lambda\xi_2)$:$(\eta_1+\lambda\eta_2)$:$(\tau_1+\lambda\tau_2)$ 的点 P_1' 将以一个完全确定的方向走遍直线 g (图 19.5)。不难证明,如果从点 P 的坐标乘以一个任意数 ρ 出发,即考虑点 $\xi_1'+\lambda\xi_2',\cdots$,则将在 g 上导出完全相同的方向。而且,在 P 的实射影变换下,像点的箭头方向将作为同样的变换结果而从刚刚确定的方向导出。于是,如果使这个箭头方向对应于原来点 $P(\xi_1+\mathrm{i}\xi_2,\cdots)$ 的方向,就能满足我们的要求。由于共轭虚点 $\overline{P}$ 的坐标为 $\xi_1+\mathrm{i}(-\xi_2),\cdots$,所以必须相应地指定正的增加的 λ 为 P 的移动方向,与刚才对直线 g 确定的方向相反。由此得到所需要的区分:我们用实数 λ 的正和负的进向来区分 $+\mathrm{i}$ 与 $-\mathrm{i}$。

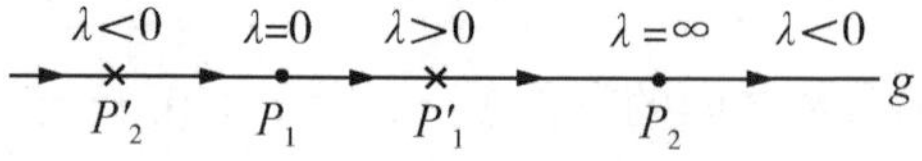

图 19.5

这样,为了表示虚点 $(\xi_1+\mathrm{i}\xi_2)$:$(\eta_1+\mathrm{i}\eta_2)$:$(\tau_1+\mathrm{i}\tau_2)$,我们至少有了下述法则,以建造一个唯一的、射影不变的实几何图形:作出点 $P_1(\xi_1:\eta_1:\tau_1)$ 与 $P_2(\xi_2:\eta_2:\tau_2)$,以及它们的连线 g,及在 g 上的点对

合(或在 g 上的另外点对),其中点

$$P'_1\big[(\xi_1+\lambda\xi_2):(\eta_1+\lambda\eta_2):(\tau_1+\lambda\tau_2)\big]$$

与 $\qquad P'_2\Big[\Big(\xi_1-\dfrac{1}{\lambda}\xi_2\Big):\Big(\eta_1-\dfrac{1}{\lambda}\eta_2\Big):\Big(\tau_1-\dfrac{1}{\lambda}\tau_2\Big)\Big]$

总是成对的。最后,按 λ 的正增量而得到 P'_1 的移动方向,我们加上箭头。

7. 剩下还需要证明的,是反过来的问题:每一条加有定向箭头的直线,以及其上两个相互交错的点对 P_1,P_2 与 P'_1,P'_2(或一个没有实点对的对合)构成的实图形,代表一个且仅一个虚点。我不需要对此作详细的证明。但选择一个合适的实常数因子以后,不难对 P_2 的坐标给出这样的值 ξ_2,η_2,τ_2,使得 P'_1 和 P'_2 的坐标和

$$(\xi_1+\lambda\xi_2):(\eta_1+\lambda\eta_2):(\tau_1+\lambda\tau_2)\text{与}(\xi_1-\tfrac{1}{\lambda}\xi_2):(\eta_1-\tfrac{1}{\lambda}\eta_2):(\tau_1-\tfrac{1}{\lambda}\tau_2)$$

成比例,或与之相同,即:使得所设对合范围的点对具有坐标 $\xi_1\pm$ $i\xi_2,\cdots$。至今仍属任选的 λ 的符号,应作这样的选择:当 λ 从 0 向正数增加时,点 $(\xi_1+\lambda\xi_2):(\eta_1+\lambda\eta_2):(\tau_1+\lambda\tau_2)$ 的移动方向与原来的箭头方向一致,于是,根据前面的观点,具有坐标 $\xi_1+\lambda\xi_2,\cdots$ 的点 P,将实际代表具有给定箭头方向的给定的对合。而且可以证明,如果从对合的其他点对出发,会得到同样的坐标比例,即得到同样的点 P。

讨论了点的有关问题之后,我们可以用对偶原理来解决平面上的直线问题。于是,我们可以用一个实点(或一个没有重实射线的线束对合),加上线束内的一个确定的旋转方向,对复直线作出实的唯一的表示。

这些结果,也允许借助实的几何图像的有形性质来表示复与实元素之间的所有关系。这也是这些结果的实际价值。为了用一个具体的例子来说明这一点,我将向你们说明"一个点(实或虚)在一条直

线 g(实或虚)上"这句话在这种表示中的含义。当然,这里有 4 种情况:

(1) 实点与实直线。

(2) 实点与虚直线。

(3) 虚点与实直线。

(4) 虚点与虚直线。

情况(1)不需要做什么解释,它组成通常几何学中的一个基本关系。在情况(2)中,所给实点也必须在共轭虚线上,因此它必须与我们用来代表虚线的线束的顶点一致。类似地,在情况(3)中,该实直线必须与用来表示所给虚点的点对合的直线一致(图 19.6)。情况(4)是最有意思的(图 19.7)。在这种情况下,显然,共轭虚点必须在

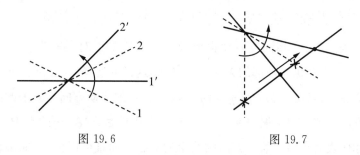

图 19.6   图 19.7

共轭虚直线上。由此推得,表示 P 的对合直线的每一个点对必须在表示 g 的对合线束的一对直线上,即这两个对合必须是相互射影的,而且它们的箭头也是相互射影的。

综合这个讨论,我们可以说,如果把带有给出方向箭头的全部给定对合图形作为新元素增加到平面上全部实点和实直线中去,就可以得到一个把复元素考虑在内的、解析几何的平面的完全实的图形。这里,也许只要大致说一说怎样作出复几何的这个实图形。我将沿着前面一些初等几何定理的一般提出顺序进行。

1. 我们从存在定理出发,它把普通几何扩充范围以内出现的元素准确地考虑进去了。

2. 然后考虑连接定理,即在第一点确定的扩充范围内,过两点有一条直线且仅有一条直线,两条直线有且仅有一公共点。这里正和上面一样,要根据给出元素的现实分成 4 种情况。有意义的是确定在什么点与线对合中可以得到这些复关系的像。

3. 关于顺序的定律,和实关系相比较,这里出现了一个全新的情况。特别是,在一条直线上的所有实点与复点组成了一个二维连续统,过一固定点的所有直线也如此。事实上,每一个学过复变函数论的人,都习惯于用平面的所有点来表示复变数的集合。

4. 关于连续性定理,我只指出,如何表示任意靠近一个实点的各个复点。为此,通过实点 P(或通过一个邻近的实点)画一条线,并在其中取两对互相交错的点 P_1, P_2

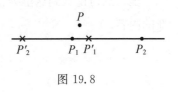

图 19.8

与 P_1', P_2'(图 19.8),使不同对的两个点 P_1, P_1' 位于靠近点 P 之处。如果使 P_1 与 P_1' 移动至重合,则由这些点对决定的对合将退化,即两个复的二重点与 $P_1 = P_1'$ 重合。于是,由对合(具有某个箭头)所表示的两个虚点,各连续地移动到一个靠近 P 的点或移动到点 P 本身。当然,必须小心地引入连续性表示,以便有效地使用它们。

这样的整个构造与普通的实几何学比较是啰唆的,但另一方面,它又包含着无比丰富的内容。特别是,它把代数位形完全弄清楚了,从几何观点把它看成是其中实与复元素的总体。因此,两个 m 与 n 次曲线一般有 $m \cdot n$ 个公共点这类代数基本定理或贝祖(Bézout)定理,就可以用几何图形明显地表示出来。为了实现这个目标我们应更小心地去推导定理。而这类研究所需要的一切关键资料,都可以在有关文献中找到。

在大多数情况下,尽管这种几何解释在理论上有它的好处,但确实会带来一些复杂的问题,使我们只好限于讨论它的理论可能性,而实际上却回到了比较简单的基点:一个复点是一组复数坐标值,在一定范围内,能用它作为实点进行运算。事实上,在完全不考虑所有理论问题的情况下,虚元素的这种用法在处理虚圆点与虚球面圆中已始终证明是有效的。正如我们所了解的,彭赛列是第一个这样用的人,法国其他的几何学家也跟着使用,其中有名的有米歇尔·沙勒(Michel Chasles)和加斯东·达布(Gaston Darboux)。在德国,特别是李,曾使用这种虚数的概念,并取得极大的成功。

虚数的讨论就到这里为止,我准备这样结束第五大部分,并转入新的内容。

第六部分　几何及其基础的系统讨论

第二十章 系统的讨论

在这一章里,我们要用几何变换来阐明整个几何领域的分类,即用一个观点来综观各个部分及其相互关系。

20.1 几何结构概述

这里所涉及的想法,就是我在 1872 年埃尔朗根纲领[1]中系统地加以研究的内容。至于后来这些想法的发展,可以参看 G. 法诺(G. Fano)在《百科全书》(Ⅲ A. B. 4b)中写的一篇文章:《作为几何分类原则的群论》("Die Gruppentheorie als geometrisches Einteilungsprinzip")。

1. 就像以前的做法一样,我们将前后一贯地运用分析来阐明几何关系,把空间上点的全体用 3 个坐标 x, y, z 值的全体来代表。因而空间上的每一个变换,对应于这些坐标的某一个变换。我们讨论一开始就已知的 4 种特别重要的变换,它们由 x, y, z 的某些线性变换来表示,即平移、环绕原点 O 的旋转、关于 O 的反射、以 O 为中心的相似变换。

---

① "Vergleichende Betrachtungen über neuere geometrische Forschungen",埃尔朗根,1872 年。重印于《数学年刊》,第 43 卷,第 63 页及以后部分,1893 年。也可看 F. 克莱因《数学著作集》,第 1 卷,第 460 页及以后部分,柏林施普林格出版社,1921 年。

2. 有人可能认为,引入坐标会使 3 个独立变量(x,y,z)的分析和几何完全等同起来。但至少在特定的意义上并非如此。正如我已强调的,几何所研究的只是在前一点所提到的线性变换下仍保持不变的那样一些坐标之间的关系,不论这些线性变换被看作是坐标系的变化也好,看作空间变换也好。因此,几何是那样一些线性变换的不变量理论。另一方面,坐标之间的一切非不变方程,例如某一点有坐标$(2,5,3)$之类说法,意味着参照一旦固定就永远固定的确定的坐标系。诸如此类的讨论本来属于逐点研究并分别考虑各点性质的学科,即属于地形测量学的范围,或也可以说属于地理学的范围。为了有助于理解,我请你们注意有关几何性质的几个例子。当说到两点相隔一距离时,意味着一旦长度单位选定之后,就可以根据其坐标(x_1,y_1,z_1)和(x_2,y_2,z_2)列出式子

$$\sqrt{(x_1-x_2)^2+(y_1-y_2)^2+(z_1-z_2)^2}。$$

这个式子在上述一切线性变换下或是保持不变的,或只是被乘上一个与点的特定位置无关的因子。又如,谈到两条直线的交角、圆锥曲线的主轴和焦点,都必须类似地来理解。

这些几何性质的全体,我们称为度量几何,以区别于其他种类的几何。至于其他种类的几何,则根据一定的原则把度量几何中某些定理提出来加以考虑,就可以得出。因此,所有这些新的几何科目至少从直接目的来说是范围最广的度量几何的组成部分。

3. 我们先来看已经仔细研究过的仿射变换,即 x,y,z 的整数线性变换:

$$
\begin{cases}
x'=a_1x+b_1y+c_1z+d_1,\\
y'=a_2x+b_2y+c_2z+d_2,\\
z'=a_3x+b_3y+c_3z+d_3。
\end{cases}
$$

在这种变换下,第1点中提及的一切变换都被当作特例包括进去了。从全部几何概念、几何定理中,我们选取了在一切仿射变换下都保持不变的那个较小的部分。这些概念及定理的全体,我们看作是几何学的第一个新的部分,即所谓仿射几何或仿射变换的不变量理论。

根据我们对于仿射变换的知识,我们可以立刻选出这种几何的概念及定理。这里只提几点:在仿射几何中不能讨论距离和角。圆锥曲线主轴的概念以及圆和椭圆的区别,同样消失。但是仍保留着有限及无限空间的区别以及由这种区别而来的一切概念,如两条直线平行的概念,圆锥曲线之区分为椭圆、双曲线、抛物线,等等。此外还保留着圆锥曲线的中心及直径概念,特别是共轭直径的关系。

4. 下面进而讨论射影变换,即引入线性分式变换:

$$x' = (a_1x + b_1y + c_1z + d_1) : (a_4x + b_4y + c_4z + d_4),$$
$$y' = (a_2x + b_2y + c_2z + d_2) : (a_4x + b_4y + c_4z + d_4),$$
$$z' = (a_3x + b_3y + c_3z + d_3) : (a_4x + b_4y + c_4z + d_4).$$

它将仿射变换作为特例包括在内。在这些变换下保持不变的几何性质,当然也必须属于仿射几何的范围。因而从仿射几何中作为射影变换的不变量理论分出所谓射影几何。这种逐步筛选的办法,即从度量几何中分出仿射及射影几何的过程,可以比之于化学家用越来越强的试剂从化合物中分离出更加贵重成分的过程。我们所分出的,首先是仿射变换,其次是射影变换。

至于射影几何的定理,应该强调,在仿射几何中无穷大的特殊作用及与无穷大有关的概念,现在全没有了,只有一种常态的二次曲线。但是举例来说,还剩下极点和极线的关系,同样还剩下用射影线来生成二次曲线的问题,这一点我们前面已讨论过(见射影变换部分)。

利用同样的原则,下面我们也可以从度量几何中导出其他几何类别,其中最重要的一个类别是反演几何。

5. 反演几何,这包括一切反演变换下仍然成立的度量几何定理之总和。在这种几何中,直线和平面的概念没有独立的意义,它们相应地作为圆或球面概念的特例而出现。

6. 最后让我提出另一种几何类别,它在某种意义上是通过最仔细的筛选而得出的,因而包括的定理极少。这就是我们前面提及的拓扑学,它讨论了在所有单值可逆连续变换下的所有不变性。为了避免在所有这种变换下无穷大变成本身因而得到一个特殊地位,我们或者将种种射影变换结合起来,或者将种种反演变换结合起来。

下面我们将引入群的概念,使上述划分方案的定义更加清晰。我们已经知道,如果变换集中任意两个变换的复合仍是集中的一个变换,每一个变换的逆变换仍属于此变换集,则称这样的变换集为群。群的例子有一切运动的全体或一切射影变换之全体,因为两个运动复合成为一个运动,两个射影变换复合成一个射影变换,在两种情况下,每个变换都存在着一个逆变换。

如果回顾我们所划分的各种几何,我们可以看到,在各种几何中起划分作用的变换,总是形成群。首先,使度量几何的种种关系保持不变的一切线性变换(平移、旋转、反射、相似变换),显然形成一个群,称为空间变换的主群。对于仿射几何中仿射变换的仿射群,也很容易确定其类似的意义,对于射影几何中一切射影变换组成的射影群也是如此。在把任何反演变换同主群里的变换结合起来而得到的一切变换下,反演几何的定理也是仍然成立的。这一切又形成一个群,即反演变换群。最后对于拓扑来说,它必须涉及一切连续单值可逆变换群。

现在我们想确定,各个群中的一个单独运算依赖于多少个独立的参数。在主群中,运动涉及 6 个参数还须加上单位长度变化的参数,所以一共有 7 个参数。我们用 G_7 来表示主群。一般仿射变换方程含有 $3\times4=12$ 个任意系数;射影变换含有 $4\times4=16$ 个任意系数,但其中一个公因数是非本质的。因此仿射变换群为 G_{12},射影变换群为 G_{15},反演变换群为 G_{10}。最后,一切连续变换群则不具有有限个参数,其运算取决于任意的函数,如愿意的话,说取决于无穷多个参数也可以。不妨说这一群是 G_∞。

在刚才讨论的各类几何和变换群之间的联系中,有一个基本原则贯穿其间,可以作为一切可能建立的几何特征。我的埃尔朗根纲领的主导思想就是如此:给出任一把主群作为子群包含在内的空间变换群,从该群的不变式理论建立某一类几何。每一类几何都可以用这个方法建立。因此各类几何的特点都体现在它的群上,相应的群就成了我们所考虑的主要对象。

在那篇纲领中,只有我概括的前 3 种情况,彻底贯彻了这个原则。这些情况是最重要或是大家最熟悉的,我们要花点时间来讨论,并特别注意其中的过渡情况。

我们采取与刚才相反的顺序,从射影几何开始,即从一切射影变换所形成的 G_{15} 出发,不妨将其记为齐次形式

$$
\begin{cases}
\rho'\xi'=a_1\xi+b_1\eta+c_1\zeta+d_1\tau, \\
\rho'\eta'=a_2\xi+b_2\eta+c_2\zeta+d_2\tau, \\
\rho'\zeta'=a_3\xi+b_3\eta+c_3\zeta+d_3\tau, \\
\rho'\tau'=a_4\xi+b_4\eta+c_4\zeta+d_4\tau.
\end{cases}
\tag{1}
$$

为了由此过渡到仿射群,我们先指出,若射影的结果使无穷大平面转换成其本身,即若每一个 τ 等于 0 的点对应于一个 τ' 等于 0 的点,则此射影变换为仿射变换。若 $a_4=b_4=c_4=0$,就出现这种情况。因此如果用 $\rho'\tau'$ 来除方程组(1)的每一个方程,以求出非齐次方程,

并仍以 $a_1, \cdots$ 来代替 $a_1 : d_4, \cdots$,那么得

$$
\begin{cases}
x' = a_1 x + b_1 y + c_1 z + d_1, \\
y' = a_2 x + b_2 y + c_2 z + d_2, \\
z' = a_3 x + b_3 y + c_3 z + d_3。
\end{cases}
\tag{2}
$$

这实际上就是原有的仿射公式。由此可知,根据无穷远平面仍保持不变的条件,可从射影群 G_{15} 中分出 12 个参数的子群,即仿射群。

　　同样地,要求得主群 G_7,可以选出那些不仅可使无穷大平面,而且可使虚球面圆不变的射影变换(或仿射变换),即在这种射影变换下,每一个满足方程 $\xi^2 + \eta^2 + \zeta^2 = 0$ 和 $\tau = 0$ 的点,对应于满足同样方程的点。这个论断是很容易证实的。你们只要记住,根据我们的条件,可能差一个常数因子,借助于 $\tau' = 0$ 平面上的仿射变换而固定了对应于虚球面圆的二次曲线的 6 个(齐次)常数,因而在仿射变换的 12 个常数上有 $6-1=5$ 个条件,$12-5=7$,正好是 G_7 的参数。

　　1859 年,伟大的英国几何学家凯莱使这整个考虑方式发生了重要的改变。[①] 在此以前,仿射几何和射影几何好像是度量几何的两个比较弱的部分,但凯莱反而使我们有可能把仿射几何以及度量几何都看作是射影几何的特例。他说:"射影几何就是全部几何。"这种从表面上来看似是而非的联系,是因为人们把所研究的图形与某种位形(即无穷大平面或其上的虚球面圆)结合在一起。因而一个图像的仿射性质或度量性质,不外乎是由此延伸的图形的射影性质。

　　让我们用两个非常简单的例子来说明这一点,以有所不同的形式提出众所周知的事实。两条直线平行的说法,在射影几何中没有直接的意义。但是如果我们对给定的位形(两条线)加上无穷远的平

---

　　① 参见《关于四元数的第六篇专论》,《伦敦皇家学会哲学汇刊》,1859 年。也可看《数学著作集》第 2 卷,第 561 页及以后部分,剑桥,1889 年。

面,那么说两条给定的线在给定的平面上相
交,这种说法就是纯粹的射影几何的说法。
一条线垂直于一平面,情况也类似。我们可
以把它化为给定图形的极线关系(射影性
质),方法是加上虚球面圆使给定图形得到
延伸(图 20.1):线上点的图形 P_∞ 和平面上
的线的图形 g_∞,在无穷大的平面上,对于虚
球面圆是极点和极线。

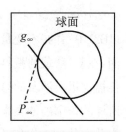

图 20.1

　　我想把这里已简单提示的思路发挥得更充分一些,说明怎样循
此思路建立起一个完整的几何结构系统。在这一方面做出最大贡献
的是英国数学家,我已经提到过凯莱,其次是都柏林大学的 J. J. 西
尔维斯特(J. J. Sylvester)和 G. 萨蒙(G. Salmon)。他们从 1850 年
开始创造了一门代数分支,狭义地称为线性齐次变换的不变量理
论①,有了这个理论,就有可能在凯莱原理的指导下,在分析的基础
上,做出几何学的完整的系统结构。为了了解这个系统,我们有必要
用一点时间来讨论不变量的理论。

20.2　关于线性变换的不变量理论

　　当然我只能介绍主要的结果和思路,不谈细节和证明。至于这
个广大领域的文献,我首先请你们参考《德国数学学会年度报告》
(1892 年)第 1 卷中 W. 弗朗茨·迈尔写的《近二十五年射影不变量
理论的进展》(*Die Fortschritte der projectiven Invariantentheorie*

---

　　① "不变量理论"这个术语广义上也指任意的变换群。我们在以后几页中用的是狭
义,是西尔维斯特首先这样用的。

im letzten Vierteljahrhundert)一文,以及同一作者在《百科全书》(IB2)中写的《不变量》一文。关于不变量理论特别涉及几何学的方面,在 G. 萨蒙的教科书[①]里可以找到所需的一切材料,那本书对于传播这里所涉及的思想做出了最大的贡献。W. 菲德勒(W. Fiedler)所译的该书的德文本,一直得到特别广泛的采用。林德曼编辑的 A. 克莱布什(A. Clebsch)的讲义[②]属于同一范畴的书。

1. 现在回到我们的正题。设有任一给定变量的数目,相应地有一个二元、三元、四元……区域,为了使我们能把前三者情况下的变量最终看成线、面或空间上的齐次坐标,我们用记号

$$\xi, \tau; \quad \zeta, \eta, \tau; \quad \xi, \eta, \zeta, \tau,$$

其中 $\tau = 0$ 始终表示无穷远的元素。

2. 我们来考虑这些变量的一切齐次线性变换群。目前我们心中考虑的不仅有变量的比,正像以后在射影几何中的情况一样,而且有变量的个别值。我们可记这些变换为

$$\begin{aligned} \xi' &= a_1\xi + d_1\tau, \\ \tau' &= a_4\xi + d_4\tau; \end{aligned} \qquad \begin{aligned} \xi' &= a_1\xi + b_1\eta + d_1\tau, \\ \eta' &= a_2\xi + b_2\eta + d_2\tau, \\ \tau' &= a_4\xi + b_4\eta + d_4\tau; \end{aligned} \qquad \begin{aligned} \xi' &= a_1\xi + b_1\eta + c_1\zeta + d_1\tau, \\ \eta' &= a_2\xi + b_2\eta + c_2\zeta + d_2\tau, \\ \zeta' &= a_3\xi + b_3\eta + c_3\zeta + d_3\tau, \\ \tau' &= a_4\xi + b_4\eta + c_4\zeta + d_4\tau. \end{aligned}$$

在这 3 个群中的参数个数相应地为 4,9,16。

为了方便起见,我们按习惯在公式中只用变量 ξ 及 τ,只写出包

---

① G. 萨蒙:《分析几何》,内容有:Ⅰ.圆锥曲线;Ⅱ.高次平面曲线;Ⅲ.空间;Ⅳ.线性变换代数讲义。德文译者 W. 菲德勒,莱比锡(托伊布纳出版社)。每一卷出了几版,卷Ⅰ新近由 F. 丁格尔代(F. Dingeldey)编辑;卷Ⅲ由 K. 科默雷尔(K. Kommerell)及 A. 布里尔(A. Brill)编辑。

② A. 克莱布什:*Vorlesungen über Geometrie*,F. 林德曼编辑,莱比锡(托伊布纳出版社),1876 年第一版,1906 年第二版。

含这两个变量的项,中间用点隔开。如果以后涉及二元区域,就去掉这些点号;对于三元或四元区域,我们用含 η 的项或含 η 和 ζ 的项来代替点号,这些项类似于已写出的项。因而,我们一般说变量是 $\xi,\cdots,\tau$,而线性变换是

$$\begin{cases} \xi'=a_1\xi+\cdots+d_1\tau, \\ \cdots\cdots \\ \tau'=a_4\xi+\cdots+d_4\tau. \end{cases} \quad (1)$$

3. 至于不变量理论的对象,我们将以两种不同形式来考虑。第一种形式考虑的是变量的任一值组 $\xi_1,\cdots,\tau_1;\xi_2,\cdots,\tau_2;\xi_3,\cdots,\tau_3;\cdots$,根据几何学的精神,可以直接记为点 $1,2,3,\cdots$。这些值组的每一个将经受群(1)的变换,我们所关心的是建立在这些联立变换作用下仍然不变的值组的组合。

4. 第二个形式除了考虑这样的点以外,还要考虑变量的函数,主要是有理整函数。事实上,我们可以只考虑齐次有理整函数(在不变量理论中称为型),因为,无论如何,由于变换的齐性,同次的项可以变换成原来一样的次数。因而我们将考虑线性型

$$\phi=\alpha\xi+\cdots+\delta\tau$$

及二次型

$$f=A\xi^2+\cdots+2G\xi\tau+\cdots+K\tau^2$$

等。我们也可以同时考虑同次的几个型,这样就用下标来加以区别,即

$$\phi_1=\alpha_1\xi+\cdots+\delta_1\tau;\phi_2=\alpha_2\xi+\cdots+\delta_2\tau;\cdots.$$

同样地,我们可以从几个变量的型开始,即从双线性型开始:

$$f=A\xi_1\xi_2+\cdots+G\xi_1\tau_2+\cdots+N\tau_1\xi_2+\cdots+P\tau_1\tau_2.$$

为了弄清楚这里出现的一般问题,我们必须首先问:在我们用群

(1)来对这些变量施加变换,并规定型 ϕ 或 f 的值保持不变的情况下,这些型的系数如何变换?

先考虑线性型,令

$$\phi=\alpha\xi+\cdots+\delta\tau=\alpha'\xi'+\cdots+\delta'\tau'。$$

如果将(1)式表达的 $\xi',\cdots,\tau'$ 代进去,就得到变量 $\xi,\cdots,\tau$ 的等式:

$$\alpha\xi+\cdots+\delta\tau=\alpha'(a_1\xi+\cdots+d_1\tau)+\cdots+\delta'(a_4\xi+\cdots+d_4\tau)$$
$$=(\alpha'a_1+\cdots+\delta'a_4)\xi+\cdots+(\alpha'd_1+\cdots+\delta'd_4)\tau。$$

由此得

$$\begin{cases} \alpha=a_1\alpha'+\cdots+a_4\delta',\\ \cdots\cdots\\ \delta=d_1\alpha'+\cdots+d_4\delta', \end{cases} \tag{2}$$

因而线性型的新系数 $\alpha',\cdots,\delta'$ 用另一个线性变换同原有系数 $\alpha,\cdots,\delta$ 联系了起来。这另一个线性变换同(1)的关系是很简单的:系数矩阵的行和列相互交换(变换被"转置"过来),而且原有系数(不带撇)和新系数(带撇)相互交换其位置。这个新的变换(2)被称为原变换(1)的逆步变换,简单地称作线性型系数 $\alpha,\cdots,\delta$ 逆步于变量 $\xi,\cdots,\tau$。受到同样变换(1)的变量集合 $\xi_1,\cdots,\tau_1;\xi_2,\cdots,\tau_2;\cdots$用类似的术语称为同步变量。

现在来谈二次型 f。我们首先问各个二次项 $\xi^2,\cdots,\xi\tau,\cdots,\tau^2$ 在线性变换(1)作用下的情况。从(1)式立刻对新变量的各二次项得出公式

$$\begin{cases} \xi'^2=a_1^2\xi^2+\cdots+2a_1d_1\xi\tau+\cdots+d_1^2\tau^2,\\ \cdots\cdots\\ \xi'\tau'=a_1a_4\xi^2+\cdots+(a_1d_4+a_4d_1)\xi\tau+\cdots+d_1d_4\tau^2,\\ \cdots\cdots\\ \tau'^2=a_4^2\xi^2+\cdots+2a_4d_4\xi\tau+\cdots+d_4^2\tau^2。 \end{cases} \tag{3}$$

我们可以把这些关系简单地表示如下。变量的各二次项与变量本身同时受到齐次线性变换。这种变换可以立即从(1)式导出。由于 f 是这些二次项的线性型,我们可以重复前述的推理,推出系数 $A,\cdots,2G,\cdots,K$ 所受到的变换,是线性齐次的,逆步于项 $\xi^2,\cdots,\xi\tau,\cdots,\tau^2$ 的变换(3),即 $A,\cdots,2G,\cdots,K$ 和 $A',\cdots,2G',\cdots,K'$ 之间的方程,由(3)式得出,如同(2)式由(1)式得出一样。

5. 我们现在可以来概括不变量理论的一般问题。给出任一点集 $1,2,\cdots$,并给出某些线性型二次型或更高次型 $\phi_1,\phi_2,\cdots,f_1,f_2,\cdots$,因而不变量是指坐标 $\xi_1,\cdots,\tau_1;\xi_2,\cdots,\tau_2;$ 的函数和系数 $\alpha_1,\cdots,\delta_1;\alpha_2,\cdots,\delta_2;\cdots;A_1,\cdots,K_1;A_2,\cdots,K_2;\cdots$ 的函数,它们在变量的线性变换(1)及我们刚才确定的相关的系数系统的变换下保持不变。要研究的是一切可能的不变量的集合。

"协变"和"逆变"这两个词有时用于表示不变量中特殊的类。如果变量 $\xi_1,\cdots,\tau_1;\xi_2,\cdots,\tau_2;\cdots$ 本身出现在不变式中,我们就说它是协变量;如果线性型的系数 $\alpha_1,\cdots,\delta_1;\alpha_2,\cdots,\delta_2;\cdots$ 出现在不变式中,我们就说是逆变量。因此,"不变量"一词仅限于既不包含坐标 $\xi_1,\cdots$,又不包含系数 $\alpha_1,\cdots$,而仅由二次或更高次型系数构成的式子。这两种情况之所以需要强调并加以对比,是因为以变量 $\xi,\cdots,\tau$ 的集为一方,以变量 $\alpha,\cdots,\delta$ 的集为另一方,表现出某种互逆性质:如果对其中之一进行某线性变换,那么另一方就发生逆步变换,而不管我们从哪个集开始。因而我们可以通过适当的排列,由某一类不变式导出另一类相似的不变式。至于几何解释,这里显然有一个对偶原理的表达式,因为如果我们把 $\xi,\cdots,\tau$ 看作点坐标,那么 $\alpha,\cdots,\delta$ 就成为齐次线坐标或面坐标。不过,区分 $\xi,\cdots,\tau$ 或 $\alpha,\cdots,\delta$ 是否真正出现在所说的式子中,当然没有根本意义。以后我们用"不变量"一词,一般指的是广义的。

6. 我们现在从另一方向更明确地定义不变量的概念,以便有可能建立起严格的理论。以后我们把不变量仅仅看作坐标和系数的有理函数,而且它们对每一个点的坐标以及对其中出现的每一个型的系数是齐次的。我们可以把每一个这样的有理函数表示为两个整有理齐次函数的商,并用它们本身来进行研究。既然分子、分母的公因子不改变商的值,那么在至此为止所采用的意义上,分子和分母就不必是不变量,而是在每个线性变换下都得到的一个因子。

可以证明这个因式仅取决于变换的系数,且它一定是变换行列式的幂:

$$r = \begin{vmatrix} a_1 & \cdots & d_1 \\ \vdots & \ddots & \vdots \\ a_4 & \cdots & d_4 \end{vmatrix}.$$

这样最终就归结于考虑那样一些给定量集的有理齐次整函数,它们在我们已经建立的变量及系数的线性变换下是乘以变换行列式的幂 r^λ。这些函数我们称为相对不变量,因为它们所经历的变化总是非本质的,且在 $r=1$ 时的一切变换下完全保持不变。指数 λ 称为不变量的权。作为对比,我们把至此为止记作不变量的那种函数称为绝对不变量。因此,每一个绝对不变量是两个同权的相对不变量的商。

7. 据上述,我们实际上对于不变量理论已获得了一个系统的观点。最简单的相对不变量是对给定的变量集为最低次的多项式,进而到高次多项式。如果 j_1, j_2 是任意两个相对不变量,那么它们的幂的每一个乘积 $j_1^{k_1} \cdot j_2^{k_2}$ 也是相对不变量。因为如果把因子 r^{λ_1} 代入 j_1,把 r^{λ_2} 代入 j_2,那么除了因子 $r^{k_1\lambda_1 + k_2\lambda_2}$ 以外,$j_1^{k_1} \cdot j_2^{k_2}$ 都会重新变成其自身。如果我们现在做出各乘以常因数的这样一些项之和:

$$\sum_{(K_1, K_2, \cdots)} c_{K_1, K_2, \cdots} j_1^{k_1} \cdot j_2^{k_2} \cdots,$$

并且如果各个被加项在变换后都确实是乘以 r 的同样的幂,即它们都有同样的权重("等权"),那么我们显然又得到一个较高次的相对不变量,因为各项的因子可以放在连加号之前。

不变量理论的中心问题自然是能不能用这样的方法得出一切不变量,在各个给定的情况下,什么是最低次不变量的完备系统?亦即可按上述方式作出系统中元素的有理分式及多项式,使其包含所有相对不变量。不管怎样,主要的定理是:对于每组有限个给定量,始终存在一个有限的"完备不变量系统",即存在有限个不变量。所有其他不变量是这有限个不变量的有理分式或多项式。在不变量的系统理论方面所取得的这些确定结果,应归功于德国数学家 P. 哥尔丹和 D. 希尔伯特。希尔伯特在德国《数学年刊》第 36 卷中发表的专题研究,[①]是特别值得指出的。

现在我要提出几个简单的例子,也就是以后在几何学中要用到的那些例子,以便弄清楚我们一直在讨论的抽象推导。这里当然只是讲个概要,不是详细证明。

1. 首先假设我们在二元区域内仅有一定数量的点:

$$\xi_1, \tau_1 ; \xi_2, \tau_2 ; \xi_3, \tau_3 ; \cdots。$$

这里我们得出一个有趣的定理:最简单的不变量可以从这些坐标构成的二阶行列式得到,而且这些行列式构成完备的不变量系统。

由 1 和 2 两个点可以建立一个二阶行列式

$$\Delta_{12} = \begin{vmatrix} \xi_1 & \tau_1 \\ \xi_2 & \tau_2 \end{vmatrix}。$$

这实际上是变量的整有理函数,而且对 (ξ_1, τ_1) 和 (ξ_2, τ_2) 都是齐次

---

① "Über die Theorie der algebraischen Formen",《数学年刊》第 36 卷,第 473 页及以后部分,1890 年。

的。如果把行列式乘法法则运用于计算:

$$\Delta'_{12} = \begin{vmatrix} \xi'_1 & \tau'_1 \\ \xi'_2 & \tau'_2 \end{vmatrix} = \begin{vmatrix} a_1\xi_1 + d_1\tau_1 & a_4\xi_1 + d_4\tau_1 \\ a_1\xi_2 + d_1\tau_2 & a_4\xi_2 + d_4\tau_2 \end{vmatrix}$$

$$= \begin{vmatrix} a_1 & d_1 \\ a_4 & d_4 \end{vmatrix} \cdot \begin{vmatrix} \xi_1 & \tau_1 \\ \xi_2 & \tau_2 \end{vmatrix} = r \cdot \Delta_{12},$$

我们能立刻看出这个行列式的不变性质。这里不变量的权是1。

同样,n 个点 $1,2,\cdots,n$ 共有 $\dfrac{n(n-1)}{2}$ 个权为 1 的不变量:

$$\Delta_{ik} = \begin{vmatrix} \xi_i & \tau_i \\ \xi_k & \tau_k \end{vmatrix} \qquad (i,k=1,2,\cdots,n)。$$

要证明这些行列式构成完备的不变量系统,即 n 个点的每一个相对不变量可以表示为等权项的和:

$$\sum C \cdot \Delta^s_{ik}\Delta^t_{lm}\cdots,$$

那就走得太远了。我们从分子、分母为等权的相对不变量的商,求出最一般的有理绝对不变量。因此,最简单的绝对不变量的一个例子就是商 $\dfrac{\Delta_{ik}}{\Delta_{lm}}$。

　　结合这个例子,我想解释一下在理论上非常重要的抽象概念,即"合冲"(即不变量的一个耦合或联系)。也就是说,某些基本不变量的组合可能等于零。例如,对于 4 个点,我们有

$$\Delta_{12}\Delta_{34} + \Delta_{13}\Delta_{42} + \Delta_{14}\Delta_{23} = 0。$$

这不过是一个已知的行列式恒等式,实际上前面我们已经使用过它,在一个完备的系统的不变量之间的这种恒等式,就叫作合冲。如果

有几个那样的合冲,就可以用相乘或相加的方法形成新的合冲,因而可以像对于行列式本身一样,可以问是否有能用这种方法形成其他一切"合冲"的完备的合冲系统问题。理论表明,总是存在那样一个有限的系统。例如,在 4 个点的情况下,这个完备的系统由上述一个方程构成,即在 6 个行列式 $\Delta_{12},\cdots,\Delta_{34}$ 之间的一切恒等式都可由上述方程推出。在 5 个及 5 个以上点的情况下,完备系统由这种类型的一切方程构成。了解这些合冲,对于了解整个不变量系统当然有根本的意义,因为如果最简单的不变量的两个等权集合的差别仅为以合冲的左边作为因数的项,那么它们就是恒等的,不需要计算两次。

2. 同样地,如果在三元或四元区域里有若干单个的点,那么整个不变量系统就是以完全一样的方式由它们的坐标形成的三阶行列式或四阶行列式构成。例如,在三元区域,3 个点的基本不变量还是权为 1 的不变量:

$$\Delta_{123}=\begin{vmatrix} \xi_1 & \eta_1 & \tau_1 \\ \xi_2 & \eta_2 & \tau_2 \\ \xi_3 & \eta_3 & \tau_3 \end{vmatrix}.$$

其他一切细节,特别是这里怎样建立合冲,留给你们自己去考虑。

3. 现在让我们来考虑四元区域中的二次型:

$$f=A\xi^2+2B\xi\eta+C\eta^2+2D\xi\zeta+2E\eta\zeta+F\zeta^2+2G\xi\tau$$
$$+2H\eta\tau+2J\zeta\tau+K\tau^2.$$

我们可以立刻写下一个仅依赖于 10 个系数 $A,\cdots,K$ 的不变量,即行列式

$$\Delta=\begin{vmatrix} A & B & D & G \\ B & C & E & H \\ D & E & F & J \\ G & H & J & K \end{vmatrix}。$$

因为系数 $A,\cdots,K$ 逆步地变换为 $\xi,\cdots,\tau$ 的二次项,所以很容易证明这个不变量的权是 $-2:\Delta'=r^{-2}\cdot\Delta$。整个不变量系统仅由只包含 Δ 的型的系数生成,即每一个仅包含 $A,\cdots,K$ 的整有理不变量是 Δ 的幂的倍数。

如果我们现在把点的坐标 ξ,η,ζ,τ 加在前面的系数上,那么最简单的共同不变量或协变量(据上述术语)就是型 f 本身,因为系数 $A,\cdots,K$ 的变换完全是由系数不变性的规定所决定的。因此,每一个给定的型当然是它本身的协变量。事实上,根据定义,它在我们的变换作用下是完全不变的,因此是权为 0 的不变量或绝对不变量。此外,如果我们运用两个点 $\xi_1,\cdots,\tau_1$ 和 $\xi_2,\cdots,\tau_2$,就会出现作为新的协变量的所谓极型

$$A\xi_1\xi_2+B(\xi_1\eta_2+\xi_2\eta_1)+C\eta_1\eta_2+\cdots+K\tau_1\tau_2。$$

其权也为 0,即它同样是绝对不变量。

最后,如果我们与 f 同时考虑全体系数为 $\alpha,\beta,\gamma,\delta$ 的线性型 ϕ,即得以下权为 -2 的联立不变量,它是通过所谓用 $\alpha,\beta,\gamma,\delta$ 对行列式"加边"而产生的

$$\begin{vmatrix} A & B & D & G & \alpha \\ B & C & E & H & \beta \\ D & E & F & J & \gamma \\ G & H & J & K & \delta \\ \alpha & \beta & \gamma & \delta & 0 \end{vmatrix}。$$

根据前述，我们也可以称它为逆变量。正如你们所知道的，这个行列式在解析几何中起着重要的作用。我们认识到，形成不变量的纯解析过程，在这里是根本性的。

如果我们有包含系数 $\alpha_1,\cdots,\delta_1$ 和 $\alpha_2,\cdots,\delta_2$ 的两个线性型 ϕ_1，ϕ_2，则通过同一行列式的两重"加边"得另一个不变量

$$\begin{vmatrix} A & B & D & G & \alpha_1 & \alpha_2 \\ B & C & E & H & \beta_1 & \beta_2 \\ D & E & F & J & \gamma_1 & \gamma_2 \\ G & H & J & K & \delta_1 & \delta_2 \\ \alpha_1 & \beta_1 & \gamma_1 & \delta_1 & 0 & 0 \\ \alpha_2 & \beta_2 & \gamma_2 & \delta_2 & 0 & 0 \end{vmatrix}。$$

它同样有权－2。

以上这几点说明足以使你们大致了解涉及面甚广的不变量理论领域。这里发展的理论，其涉及面之广是非同一般的，而且运用了许许多多巧妙的想法，特别是在为建立一个完备的不变量系统及对给定基本型建立一个完备的合冲系统的时候。下面让我再作一个一般特性的说明。在我们所举的例子中，我们总是通过建立行列式来得出不变量，这一点是我们把行列式理论作为不变量理论基础的根据。由于这种联系，凯莱起先对不变量用了"超行列式"的名称。引入"不变量"一词的是西尔维斯特。行列式的重要性，是很值得提出来的一个问题，在整个数学领域里，应该专门写一章的是行列式。凯莱有一次在谈话中对我说，如果要他就整个数学作 15 次讲演的话，他就要用一讲来讨论行列式。你们如果愿意的话，不妨根据自己的经验回想一下你们对行列式理论的价值是否有这样高的估计。在我自己讲的初等数学课中，我发觉自己因为教学法上的理由一直把行列式放

在越来越突出的地位。我这样的经验实在太多了,学生虽然掌握了对于简化长长的表示式非常有用的公式,却常常不能弄清公式的意义,他们只顾计算技巧的熟练,不深入探究所学的内容,因而也妨碍他们真正掌握这些内容。从总的方面来考虑,也从所研究的不变量理论来说,行列式当然是必不可少的。

下面我们转入正题,借助于上述考虑,使几何学系统化。

20.3 不变量理论在几何学上的应用

我们先用变量 $\xi, \cdots, \tau$ 来表示一般非齐次直角坐标:(ξ, τ) 为平面坐标,(ξ, η, τ) 为三维空间坐标,(ξ, η, ζ, τ) 为四维空间坐标,等等。因而不变量理论的线性齐次变换

$$\xi' = a_1\xi + \cdots + d_1\tau,$$
$$\cdots\cdots \tag{1}$$
$$\tau' = a_4\xi + \cdots + d_4\tau$$

表示带有固定坐标原点的空间仿射变换的全体。除了可能加一个因子外,每一个相对不变量本身将是一个不因这些仿射变换而变化的几何量,即在这些变换所定义的仿射几何中有确定意义的量。

例如,如果在二维情况下(即在平面上)给定了两个点 1 和 2,则如我们所知,若选取恰当符号,基本不变量 Δ_{12} 表示三角形(012)面积的两倍。事实上已经知道,一个仿射变换只是把三角形面积乘以变换的行列式,这正意味着 Δ_{12} 是权为 1 的一个相对不变量。两个面积的商 $\frac{\Delta_{12}}{\Delta_{34}}$ 保持绝对不变,但方程 $\Delta_{12}=0$ 也如此,因为在这个方程中乘以因子是没有关系的。实际上,这个方程对于我们所说的仿射变换具有绝对不变的意义,即 3 个点 0,1,2 处在同一直线上。

如果我们有几个点 1，2，3，…（图 20.2），那么完备不变量系统就由这些点的一切行列式 Δ_{ik} 所构成。因而如果能构造一个量，它是坐标的有理整函数，并在一切仿射变换(1)下是相对不变的，即在我们讨论的仿射几何中总是有它的意义，那么它一定能表示为 Δ_{ik} 的多项式。对于简单的

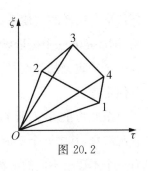

图 20.2

情况，例如，平面上的每一面积[如多角形(1,2,3,4)的面积]，可以立刻用几何方法证实它是这种不变量，而我们在前面给出的多边形面积一般公式

$$(1,2,3,4)=\Delta_{12}+\Delta_{23}+\Delta_{34}+\Delta_{41},$$

实际上就只不过是一般定理对于这个特例的表示式。

最后让我们来考虑不变量之间的合冲。基本的合冲

$$\Delta_{12}\Delta_{34}+\Delta_{13}\Delta_{42}+\Delta_{14}\Delta_{23}=0$$

表示由 4 个任意点和原点构成的 6 个三角形面积之间的恒等式，因而是我们所说的仿射几何的一般定理。对于每一个合冲，当然有类似结果。反过来说，我们的仿射几何的每一个定理，只要是仿射变换(1)的不变量之间的关系，就必须以一个合冲来表示。因此，根据前面关于 4 点情况下有一完整合冲系统的论断，可以说对于 4 点系统成立的仿射几何的一切定理一定可由刚才给出的那个一般定理导出。我们可以用同样的方法确定下述一般论断的正确性，由于不变量理论提供了不变量和合冲的完备系统，因此由它可毫无例外地系统列举所有可能的量和定理。

这里我要略去这个问题的细节不谈了，我只想提一下，和点相联系，还可以考虑由型 $\phi=\alpha\xi+\delta\tau, f=A\xi^2+2G\xi\tau+K\tau^2,\cdots$ 所决定的几

何位形。这样的型使平面上的每个点和一个数之间建立了对应关系,即决定着一个标量场。带着这个观点,我们就很容易从几何上解释一个给定型的不变量,而且不变量之间的每个合冲又将表示一个几何定理。

至此为止,我们所考虑的,可称之为 n 维几何中的不变量理论的直观解释,其中 n 个变量被认为是直角坐标。除了这个解释以外,还有一个本质上不同的解释:可以把变量看作 $(n-1)$ 维空间 R_{n-1} 中的齐次坐标,它的非齐次坐标是 $x=\dfrac{\xi}{\tau}$,$\cdots$,其中 n 个坐标的公因子是非本质的。我们在前面讨论过 R_{n-1} 和 R_n 中坐标之间的联系。我们曾把 R_{n-1} 看作 R_n 中的线性 $(n-1)$ 维位形 $\tau=1$,并通过 R_n 的原点的射线来投射其各个点。因此,R_{n-1} 中一个点的所有可能的齐次坐标值组的集合,等于对应于它的 R_n 中点的坐标值的集合。现在,R_{n-1} 中齐次变量的线性变换表示射影变换。事实上,形为

$$\rho'\xi' = a_1\xi + \cdots + d_1\tau,$$
$$\cdots\cdots$$
$$\rho'\tau' = a_4\xi + \cdots + d_4\tau$$

的变换式彼此之间只差一个任意因子 ρ',它们产生一个同样的射影变换。所有这些射影变换的群所包含的,不是 n^2 个任意常数,而只是 n^2-1 个任意常数;特别是在 R_2 和 R_3 中,那样常数的数目分别为 8 和 15。

不过如果我们想按 R_{n-1} 的射影几何解释 n 个变量 $\xi,\cdots,\tau$ 的不变量理论,那么必须首先记住,正因为我们用的是齐次坐标,所以在不变量理论中,可能解释的只是这样的数量和关系:其中出现的每一个点的坐标 $\xi,\cdots,\tau$ 是零阶齐次的,并且其中出现的每个线性型、二

次型或其他型的系数组也具有同样的性质。

用具体的例子来讲就清楚了。只要讨论二元区域($n=2$)就行了。假设有两个变量 ξ 和 τ，把 $x=\dfrac{\xi}{\tau}$ 看作是直线上的横坐标。如果给出一系列值组 $(\xi_1,\tau_1),(\xi_2,\tau_2),\cdots$，则行列式

$$\Delta_{ik}=\begin{vmatrix} \xi_i & \tau_i \\ \xi_k & \tau_k \end{vmatrix} \quad (i,k=1,\cdots,p)$$

表示整个基本不变量系统。在所有关于不变量的陈述中，哪一些具有射影几何上的意义呢？关于 Δ_{ik} 之一具有某一确定数值的陈述当然没有射影几何上的意义，因为如果把 ξ_i,τ_i 乘上因子 ρ（这不会改变点 i），那么我们也把 Δ_{ik} 乘上了 ρ。但是，Δ_{ik} 等于 0，即关系 $\Delta_{ik}=0$，却有射影几何上的意义，因为我们可以把它写为 $\dfrac{\xi_i}{\tau_i}=\dfrac{\xi_k}{\tau_k}$，从而实际上只出现点坐标之比，其几何意义是点 i 和点 k 重合，这是显而易见的。

现在为了求得对每个点的坐标本身是零次的数值不变量，我们必须把两个以上的点组合起来。试验表明我们至少需要 1,2,3,4 共 4 个点。此时，型

$$\frac{\Delta_{12}\cdot\Delta_{34}}{\Delta_{14}\cdot\Delta_{32}}$$

的每个商对 4 对变量 $(\xi_1,\tau_1),\cdots,(\xi_4,\tau_4)$ 的每一对是零维齐次的。由此可见它的权是 0，也就是说，它是一个绝对不变量。于是，这个量具有射影几何的意义，并代表着对直线上一切射影变换都是不变的一个数值。它当然只不过是有确定顺序的 4 个点的交比，因为按非齐次坐标它可以记为下列形式

$$\frac{x_1-x_2}{x_1-x_4}:\frac{x_3-x_2}{x_3-x_4}。$$

从不变量理论的观点,线上点列的最简单的不变量,就是我们求得的4 个点的交比,它满足为使不变量得到射影几何意义所必要的齐次性条件。

这里还想谈一点一般的意见。多年来我一直在思考射影几何中的一个普遍倾向,即从交比出发来求得一切表现出不变性的量。但从我们已经取得的结果来看,可以得出这样一个判断:从这个方向去努力,只会使我们更难以深入理解射影几何的结构。最好是先找一切有理整式(相对)不变量,由这些不变量首先构成有理不变量,特别是绝对有理不变量,从中再构成满足射影几何齐次性条件的不变量。这种方式,就是由简单到复杂的循序渐进的方式。如果我们把一个特殊的有理不变量——交比放在首位,企图完全由这个不变量去构成其他不变量,这个程序就变得不清楚了。

现在我们来看从不变量 Δ_{ik} 之间的合冲能推导出哪一类射影几何的定理。我们从下列基本合冲出发

$$\Delta_{12}\Delta_{34}+\Delta_{13}\Delta_{42}+\Delta_{14}\Delta_{23}=0,$$

用左侧的最后一个被加数除全式,并注意到 $\Delta_{23}=-\Delta_{32}$,$\Delta_{24}=-\Delta_{42}$,得

$$\frac{\Delta_{12}\Delta_{34}}{\Delta_{14}\Delta_{32}}=1-\frac{\Delta_{13}\Delta_{24}}{\Delta_{14}\Delta_{23}}.$$

这样,根据原来的定义我们在左侧得出点 1,2,3,4 的交比。在右侧,我们得出在 2 和 3 的顺序改变后以同样方式构成的同样点的交比。如果我们除以其他的项,那么就得出其他顺序的交比。因此,4 个点的不变量之间的基本合冲之所以获得它们的几何意义,在于根据 4 个顺序而使交比所取得的 6 个值之间的已知关系。

我在这里不再进一步细说直线的射影几何是怎样建立在这个基础上的,同样也不再细说平面和空间射影几何中三元及四元不变量

理论的解释是怎样推导出来的。详细资料可以在已经提到过的萨蒙-菲德勒和克莱布什-林德曼的书中找到,那两本书中多次使用的正是对于不变量理论所做出的这种解释,因而射影几何得到了独立完整的表述,不仅是对于可以考虑的量(对应于不变量),而且对于可以建立的定理(对应于合冲),都是如此。不过说实在的,这个解释对于几何学家是可以了,对于研究不变量的人却不够。对于他们,在 R_{n+1} 的仿射几何研究中给出的解释更有价值。因为在 R_n 中,正如我们已经知道的,只有满足齐次性条件的那些不变量和合冲才是有用的。

下一节我想比较详细地讨论特别重要的一点,以便恢复前面被打断的讨论。我想要说明凯莱原理是怎样在射影几何内使用不变量理论对仿射几何和度量几何进行分类的。

20.4　凯莱原理和仿射几何及度量几何的系统化

我们在这里所讨论的是一般仿射几何,不像开始讨论关于不变量理论的完整解释时那样,假定有一个特殊的固定点——坐标原点。

对于三维空间,我们立刻从非齐次坐标 x, y, z 开始,或在可能的情况下,从齐次坐标 ξ, η, ζ, τ 开始。于是,根据凯莱原理,当我们对给定的位形加上无穷远平面 $\tau = 0$,或除这个平面外还加上虚球面圆 $\tau = 0, \xi^2 + \eta^2 + \tau^2 = 0$,则可以从射影几何分别导出仿射几何和度量几何。

关于虚球面圆的一个说明可简化以下的讨论。我们在这里已经用了两个方程定义虚球面圆,即定义它为无穷远平面和通过原点的一锥面的相交线。如果我们把它看作与之相切的一切平面的包络,那么就可以用一个平面坐标方程来确定它,或实际上确定了任意一锥面。如果像前面一样用 $\alpha,\beta,\gamma,\delta$ 来记"平面坐标",即线性型 ϕ 的系数,那么很容易证明,虚球面圆的方程是 $\alpha^2+\beta^2+\gamma^2=0$。换句话说,这个方程是使平面 $\alpha\xi+\cdots+\delta\tau=0$ 切于虚球面圆的条件。

现在就不难理解怎样用不变量理论相应地过渡到仿射几何及度量几何了。对于给定值组——描述所讨论的图形的点坐标、线性型及二次型等,我们分别加上确定的线性型 τ(即系数组 0,0,0,1),或用平面坐标写出的二次型 $\alpha^2+\beta^2+\gamma^2$。如果我们完全像前面一样处理这样扩展的型的系统,即如果我们建立全部不变量及不变量之间的合冲的系统,并强调其中满足齐次性条件的系统,那么对于最初给出的元素就分别得出了仿射几何及度量几何的一切概念及定理。这样,不变量理论的研究结果,就转移到仿射几何及度量几何上。我想再次提请你们注意这样一个事实,对有理整式不变量及合冲特别加以强调,就可以对几何形成一个系统的观点,否则几何系统是搞不清楚的。

下面我不发表抽象议论了,我想通过实例来说明我们怎样把仿射几何和度量几何最初步的基本量分别同时表示为给定量的系统及型 τ 和 $\alpha^2+\beta^2+\gamma^2$ 系统的不变量,以便立即把这些关系搞清楚。

首先我从仿射几何中取由 4 点构成的四面形的体积 T 作为例子。正如你们所知道的,这可以由下列公式表示:

$$T=\frac{1}{6}\begin{vmatrix} x_1 & y_1 & z_1 & 1 \\ x_2 & y_2 & z_2 & 1 \\ x_3 & y_3 & z_3 & 1 \\ x_4 & y_4 & z_4 & 1 \end{vmatrix}=\frac{1}{6\tau_1\tau_2\tau_3\tau_4}\begin{vmatrix} \xi_1 & \eta_1 & \zeta_1 & \tau_1 \\ \xi_2 & \eta_2 & \zeta_2 & \tau_2 \\ \xi_3 & \eta_3 & \zeta_3 & \tau_3 \\ \xi_4 & \eta_4 & \zeta_4 & \tau_4 \end{vmatrix}。$$

现在我们要问:这个式子在何种程度上肯定了不变量性质? 首先我们知道,这个行列式实际上是 4 个点的基本相对不变量(见前一节)。其次,在这 4 个点的分母中,有伴随我们图形的线性型 τ 的值,这些值是可以用一个型(见前一节)来作出的非常简单的(绝对的)不变量。这当然是意味着,在变换以后,线性型 τ 所变换成的型的值要记在分母中。或者说,如果一般地与型 $\alpha\xi+\beta\xi+\gamma\xi+\delta\tau$ 相联系,那么这个型在点 $1,\cdots,4$ 的 4 个值的乘积要出现在分母中。因而 τ 本身也是一个有理不变量,而且对 4 个点的每个点的坐标,它确实是零维齐次的。说得确切一些,对于出现在分母中的伴随线性型 $0,0,0,1$(或可以说是 $\alpha,\beta,\gamma,\delta$)的系数,$T$ 的维是 -4。既然这些量的公因子是任意的,则 T 的绝对值在射影几何中不可能有意义。事实上,除非像我们使用非齐次坐标时始终做的那样,已经选一单位线段或单位四面体,否则在仿射几何中没有办法把一定的数值赋予四面体的体积。但从我们现在总的观点来说,这就意味着,除了"无穷远的平面" $\tau=0$ 以外,我们的图形上应加上其他元素。举例来说,如果我们加上第五个点,取类似于 T 的两个表达式的商,那么我们实际上就得出了一个满足一切齐次性条件的表达式。因而这个式子必为仿射几何的一个绝对不变量,单一的式子 T 是仅有的权为 1 的相对不变量,正如前已确知的那样(见第 92—93 页)。

这里我们又要回顾本卷的第一部分,因为那一主要部分的意义现在才显得比较明确。我们在仿射几何的专门研究部分中已认识到,我们在那一部分所推导出来的格拉斯曼基本几何量,完全属于仿射几何的范围。但是提供这些几何量的格拉斯曼行列式原理,绝不是杂乱无章的手段。相反,正如我们现在可以看到的,它是不变量理论在仿射几何(即射影几何与无穷远平面的结合)中完全自然的应用。之所以出现一般行列式——线段、面积、体积,可以由刚才讨论过的例子得到充分的解释。还有待说明的是:怎样由不变量理论导致由矩阵的子式所定义的一般格拉斯曼元素。这又要用例子来说明。给出平面上的两点 (ξ_1,η_1,τ_1) 及 (ξ_2,η_2,τ_2),我们希望在仿射几何位形(线段、直线……)的不变量理论中求出这两点的等价物。这与前已获得的结果是严整地一致的,如果加上第三个"未确定"点(ξ, η, τ),并把基本不变量

$$\frac{1}{\tau\tau_1\tau_2}\begin{vmatrix} \xi & \eta & \tau \\ \xi_1 & \eta_1 & \tau_1 \\ \xi_2 & \eta_2 & \tau_2 \end{vmatrix}$$

看作是ξ, η, τ的线性型的话。这些变量的 3 个系数,即矩阵

$$\frac{1}{\tau_1\tau_2}\begin{pmatrix} \xi_1 & \eta_1 & \tau_1 \\ \xi_2 & \eta_2 & \tau_2 \end{pmatrix} \text{或} \begin{pmatrix} x_1 & y_1 & 1 \\ x_2 & y_2 & 1 \end{pmatrix}$$

的行列式因而成为关于新定义的流形的特征的量,实际上正好导致前文用以定义线段 12 的矩阵。对于空间情况,我们可以用完全相同的方式,分别加上一个或两个未确定的 4 个坐标所成的组,由 3 点或两点建立一个相对不变量的线性型或双线性型,它们的系数又提供一个平面片或一个空间线段的坐标,这与旧的定义完全一致。除了这些看法以外,我不再详谈了,这些看法大约已足以成为进一步研究的基础。

格拉斯曼原理在不变量理论中的地位既已说明,现在必须提出关于它的用途问题。在这一方面,应特别同前述的分类原理加以比较。那些分类原理是针对主群的特殊情况,并向我们列出了一切基本的几何位形。很明显,可以适当地把分类原理引申到任意线性变换群的情况。根据此原理,在每一种"几何"中,一方面固然要考虑至今为此提供不变量的给定系列的量(坐标、型系数等)的单个有理整函数,同时也要考虑那样的函数组$\Xi_1, \Xi_2, \cdots$。如果那样一个函数组在有关的群的一切变换下变换成它本身,即如果变换后的系列量按

类似方式构成的函数 $\Xi_1,\Xi_2,\cdots$ 能借助于一个确定的和唯一的由基本转换函数得出的系数,并只用 $\Xi_1,\Xi_2,\cdots$ 线性地表示出来,那么我们说那个函数组定义了所指的几何的位形。组成函数组的每个函数,称为位形的分量。决定一个几何位形性质的特性,是位形的分量在所考虑的群的变换下的特点。当两个几何位形的分量构成两组同样数量的表示式,其中每一个表示式在坐标改变下发生同样的线性变换,即按我们前面用的术语它们是逆步的时候,我们说这两个几何位形是同类的。如果定义一个几何位形的函数组是由单个函数构成的,那么线性变换就归结为乘以因数,这个函数就是一个相对不变量。

这些讨论比较抽象,我就从三元域的不变量理论中取一个简单例子来把它讲明白。关于三元域的不变量理论,我将在带固定原点的三维空间仿射几何中加以解释。如果给定两点 (ξ_1,η_1,τ_1) 及 (ξ_2,η_2,τ_2),那么两个三维坐标齐次对称出现的最简单的函数组,是 9 个双线性项的函数组:

$$\xi_1\xi_2,\xi_1\eta_2,\xi_1\tau_2,\eta_1\xi_2,\cdots,\tau_1\tau_2。 \tag{1}$$

在线性变换下,用我们习惯用的记号得

$$\begin{cases} \xi_1'\xi_2'=a_1^2\xi_1\xi_2+a_1b_1(\xi_1\eta_2+\eta_1\xi_2)+\cdots+d_1^2\tau_1\tau_2,\\ \xi_1'\eta_2'=a_1a_2\xi_1\xi_2+a_1b_2\xi_1\eta_2+a_2b_1\eta_1\xi_2+\cdots+d_1d_2\tau_1\tau_2,\\ \cdots\cdots\\ \tau_1'\tau_2'=a_4^2\xi_1\xi_2+a_4b_4(\xi_1\eta_2+\eta_1\xi_2)+\cdots+d_4^2\tau_1\tau_2。 \end{cases} \tag{2}$$

也就是说,这 9 个量的型正是我们刚刚讨论过的那种函数组,我们将把它们看作是仿射几何中一个位形的决定元素。这样的位形,以及任何根据方程(2)变换的 9 个量组成的其他函数组,称为张量。

观察方程(2)时,我们注意到,我们可以从量(1)中的 9 个量中一方面导出 6 个简单的线性组合;另一方面导出 3 个简单的线性组合,这些组合在线性变换下变换成它自身。事实上,如果我们把量(1)排列成二次组

$$\xi_1\xi_2 \quad \xi_1\eta_2 \quad \xi_1\tau_2,$$
$$\eta_1\xi_2 \quad \eta_1\eta_2 \quad \eta_1\tau_2,$$
$$\tau_1\xi_2 \quad \tau_1\eta_2 \quad \tau_1\tau_2,$$

第一个集是对称于对角线的各项之和

$$2\xi_1\xi_2, \xi_1\eta_2+\eta_1\xi_2, \xi_1\tau_2+\tau_1\xi_2, \cdots, 2\tau_1\tau_2, \tag{3}$$

另一个集是它们的差

$$\xi_1\eta_2-\eta_1\xi_2, \xi_1\tau_2-\tau_1\xi_2, \eta_1\tau_2-\tau_1\eta_2, \tag{4}$$

立刻可以从方程(2)得出(3)和(4)的变换公式。这样,我们已为仿射几何得出了两个新的位形,其中之一由 6 个量构成(3),称为对称张量,而由 3 个量构成的(4)是我们已知的平面片。这个名称当然可以用于任一同步变换量的系统。下面我们直接说明使用“对称的”这个形容词的理由。

至于 3 个变量(4)的几何意义,我们知道,3 个量是由坐标点(ξ_1, η_1, τ_1),(ξ_2, η_2, τ_2)和原点构成的三角形在坐标平面上的射影的两倍,每一个三角形周线按恰当的方向被穿过。我们这里所得到的,正是格拉斯曼行列式原理导出的最初几个位形之一。因此,我们可以阐明下述定理:通过我们的分类原理对仿射几何位形进行系统探索,必然使我们得出格拉斯曼行列式原理以及由此原理决定的几何位形。当然,这一点我在这里不再细谈。我只要说明,如果我们通过凯莱原理、通过四元不变量理论,用类似的方法对待一般仿射几何,那么就可以导出一切位形。

但是我们这个研究所获得的最重要结果,是了解到格拉斯曼行

列式原理只是某种特殊的东西，它本身并不产生仿射几何的一切位形。我们用张量(1)和张量(3)所求得的就是完全新的几何量。

由于这些位形对于物理学的许多领域具有重大的意义，如弹性变形及相对论，因此我要简短地加以讨论。首先我要就这些量的名称讲点意见，这些意见应有助于读者弄清关于张量计算的新文献。

我在本书第一卷中讨论哈密顿四元数计算的时候用了"张量"这个词，但意义与现在所用的张量不同。如果 $q = a + bi + cj + dk$ 是一个四元数，我们称表示式 $T = \sqrt{a^2 + b^2 + c^2 + d^2}$ 是四元数的张量。哈密顿引进这个名称是有道理的，因为可以把乘以四元数用几何方式解释为从固定的原点旋转和伸展，这一点我们在第一部分已作了充分的解释。伸展的度量原来正好是我们称为张量的平方根 T。W. 福格特(W. Voigt)在他的晶体物理著作[①]中所用的张量一词，就同这个用法有密切关系。福格特用张量这个词来标记相应事件的有定向的量，如杆的纵向伸展和压缩，杆端的推拉力施加于杆轴方向，但方向相反。我们可以用一个线段图来表示这样一个张量，线段顶端带有两个方向相反的箭头(图 20.3)。

我们可以把这样指定的一个张量的方向特征记为"双向的"，而与之相比，把向量记作"单向的"。这种张量常作为三重张量出现在物理中，即 3 个张量互成直角(图 20.4)。前面我们曾提到纯应变(纯仿射变换)，把它当作

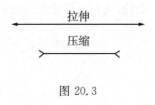

拉伸

压缩

图 20.3

①　例如，请看：(a) *Der gegenwärtige Stand unserer Kenntnisse der Kristallelastizität*；(b)*Über die Parameter der Kristallphysik und über gerichtete Grössen höherer Ordnung*。两篇专论都刊登在 *Göttinger Nachrichten*，1900 年。

空间在具有固定原点的 3 个互相正交方
向的均匀伸展。现在我们可以说,一个
纯应变用一个三重张量来做几何表示,
以代替以前的说法。如果我们把空间的
那种沿 3 个方向伸展的概念看作单个的
几何量,略去"三重"一词,称这个量是张
量,那么这个"张量"就是通常意义上的

图 20.4

张量。这个意义上的张量的概念,正是我们前面所称的"对称张量"。

实际上,具有固定原点的纯应变由下述变换给出:

$$
\begin{cases}
\xi = a_{11}x + a_{12}y + a_{13}z, \\
\eta = a_{12}x + a_{22}y + a_{23}z, \quad (a_{ik} = a_{ki}), \\
\tau = a_{13}x + a_{23}y + a_{33}z,
\end{cases}
\tag{5}
$$

我们把 3 个数的组 (x, y, z) 和 (ξ, η, τ) 解释为同一个直角坐标系中的
点的坐标。变换的系数矩阵对于主对角线是对称的。如果我们现在
转到具有同样原点的一个新的直角坐标系,那么正如简单计算所表
明的,我们对所说的应变得出下列新的表示式

$$
\begin{cases}
\xi' = a_{11}'x' + a_{12}'y' + a_{13}'z', \\
\eta' = a_{12}'x' + a_{22}'y' + a_{23}'z', \quad (a_{ik}' = a_{ki}'), \\
\tau' = a_{13}'x' + a_{23}'y' + a_{33}'z'。
\end{cases}
\tag{6}
$$

根据同样公式得出 x, y, z 和 x', y', z' 之间的关系就是 ξ, η, τ 和 ξ',
η', τ' 之间的关系。对于 $a_{11}', a_{12}', \cdots, a_{33}'$ 这 6 个系数,我们发现

(a)它们线性地依赖于且仅依赖于这 6 个系数 $a_{11}, a_{12}, \cdots,$
a_{33},即它们定义一几何量。

(b)它们的变换方式,和我们在前面指定作为对称张量的分量

的,关于坐标是双线性的表达式(3)的变换完全一样。用"对称"这个形容词的根据是变换公式(5)和(6)中的系数矩阵的形式。

现在让我们转到一般仿射变换上

$$\begin{cases} \xi = a_{11}x + a_{12}y + a_{13}z, \\ \eta = a_{21}x + a_{22}y + a_{23}z, \\ \tau = a_{31}x + a_{32}y + a_{33}z, \end{cases} \tag{7}$$

其中原点是固定的。然后,按刚才讲的相应方法展开,即在正交变换几何中,9个系数 $a_{11}, a_{12}, a_{13}, \cdots, a_{33}$ 完全与坐标乘积(1)一样变换。因此它们构成同类的量的分量。根据我们的术语,"张量"一词并不专门限于纯应变,所以上面那段话等于是说,一般仿射变换的系数矩阵是一个张量。

数学文献中存在着大量表示这个概念的其他名称。某些最通用的名称如下:

(a) 仿射向量(因同仿射变换有关)。

(b) 线性向量函数(因为线性变换[7]可以这样解释:对于从原点开始的向量 x, y, z,另一个类似的向量 ξ, η, τ 可以通过变换[7]与之相对应)。

(c) 并向量和双积。但是第一个术语最初用于特殊的情况,以后再解释。

平面片(4)的分量也可以看作一个变换的系数,即

$$\begin{cases} \xi = 1 \cdot x - c \cdot y + b \cdot z, \\ \eta = c \cdot x + 1 \cdot y - a \cdot z, \\ \tau = -b \cdot x + a \cdot y + 1 \cdot z \end{cases} \tag{8}$$

类型的变换。确实不难说明,这个变换的系数在直角坐标变换下的性质和双线性表示(4)式一样。由于变换(8)中的系数矩阵的结构如此(对于主对角线,在改变符号后是对称的),因此由它决定的量也称

为反对称张量。

从几何上来说,(7)式可以解释为通常的均匀形变,(6)式可以解释为纯形变(无旋转),(8)式可以解释为无穷小旋转。因此一个均匀无穷小形变之分解为一个纯形变及一个旋转,在直观上对应于我们从坐标乘积(1)导出对称张量(3)及反对称张量(4)的形式步骤。

到目前为止,坐标系的改变仅限于正交变换。从直角坐标过渡到斜角坐标的情况,或(ξ, η, τ)和(x, y, z)两者一开始就作为斜角平行坐标引入的情况,确实有待于补充。我们下面继续把坐标的原点看作固定的。做出这个改变后,就从主群几何过渡到仿射群几何。当我们从仿射群几何来看变换系数在坐标变换下的情况时,发现变换系数尽管也表示着一个几何量的分量,但它们不像坐标乘积(1)一样变换,而是与之逆步变换。相应地,(6)式和(8)式中系数的情况也如此。可以证明,对于平行坐标系的同一个张量(例如,同一个均匀形变),可以用与量(1)同类的分量给出,也可以用(7)式中的系数那样的分量给出。前者称为张量的同步分量,后者称为张量的逆步分量。同步和逆步两个术语,常用"协变"和"逆变"来代替。有时,后两个说法在意义上是互换的。两类分量的区别,与点坐标和平面坐标之间的区别相同。

"张量"一词的另一个意义,以及比我们所取的意义更一般的意义,研究了齐次型在坐标改变下的情况后就会明白。前面,我们曾把这个研究转入到二次型

$$a_{11}\xi^2 + 2a_{12}\xi\eta + \cdots + a_{33}\tau^2$$

的情况。当然用的记号有点不同。我们发现二次型的系数a_{11}, $2a_{12}, \cdots, a_{33}$与点坐标的项成线性、齐次、逆步地变为ξ^2, $\xi\eta, \cdots, \tau^2$。

但很容易看出,后者与(3)式成同步变换。我们可以把这个结果叙述如下:二次型的系数 $a_{11}, 2a_{12}, \cdots, a_{33}$ 是一个对称张量的逆步分量,项 $\xi^2, \xi\eta, \cdots, \tau^2$ 是对称张量的同步分量。相应的结果对双线性型也成立。关于双线性型,吉布斯认为,当可记作两个线性型的乘积时,我们可以说它构成一个并矢(张量积)。最后,如果我们有一个点坐标的齐次 n 重线性型,我们只消稍微计算一下就可以证明,它们的系数在坐标变换下同样地作线性齐次变换,而且与点坐标项是逆步的。

上面所谈的张量概念的一般化,在于称每一个这样的量为张量,并不像我们以前那样,仅仅结合双线性型来用这个名称。爱因斯坦及其追随者就是在这个一般形式上用这个名称的。在旧一点的术语中,习惯上更常说线性型、二次型、双线性型、三线性型、三次型等。

除了这些术语不同外,在实践中还出现一种趋势,用单一的字母来记张量的分量组,并通过字母符号的组合来表示张量的运算。这一切符号本身实质上是非常简单的,如果读者觉得困难,只是因为不同的作者用不同的符号。这里所发生的令人遗憾的情况与我们讨论向量分析时提到的一样,但是这里的情况严重得多,看来不免有搞混的情况。因为全部现代文献中充斥着这种混乱的符号,所以我们不能不讲一讲。

现在让我们转过来谈度量几何,以便从中选几个有特征的例子。我要说明从不变量理论的系统讨论中导出两个重要的基本概念:“两点 $x_1 = \dfrac{\xi_1}{\tau_1}, \cdots$ 和 $x_2 = \dfrac{\xi_2}{\tau_2}, \cdots$ 之间的距离 r”,以及“两个平面 $\alpha_1, \cdots, \delta_1$ 和 $\alpha_2, \cdots, \delta_2$ 之间的角 ω”。从众所周知的解析几何公式得到

$$r = \sqrt{(x_1 - x_2)^2 + (y_1 - y_2)^2 + (z_1 - z_2)^2}$$

$$= \sqrt{\frac{(\xi_1\tau_2 - \tau_1\xi_2)^2 + (\eta_1\tau_2 - \tau_1\eta_2)^2 + (\zeta_1\tau_2 - \tau_1\zeta_2)^2}{\tau_1^2\tau_2^2}},$$

$$\omega = \arccos\left(\frac{\alpha_1\alpha_2 + \beta_1\beta_2 + \gamma_1\gamma_2}{\sqrt{\alpha_1^2 + \beta_1^2 + \gamma_1^2}\sqrt{\alpha_2^2 + \beta_2^2 + \gamma_2^2}}\right),$$

它们分别是参数的代数函数和超越函数。如果我们证明构成它们的有理整式部分本身是在旧的意义下的不变量,则可以分别称它们为"代数"不变量和"超越"不变量。

我们从角 ω 出发,因该量的不变量式子由 $\alpha_1, \beta_1, \gamma_1, \delta_1$ 和 α_2, β_2, γ_2, δ_2 的两个线性型和平面坐标的二次型

$$\alpha^2 + \beta^2 + \gamma^2 + 0 \cdot \delta^2$$

组成,后者代表了虚球面圆。我们当然能像前面用点坐标的形式构成不变量那样,通过交换点与平面坐标("对偶化"),以这个平面坐标的二次型构造不变量,特别是对于两个给定值的组的二次型的值

$$\alpha_1^2 + \beta_1^2 + \gamma_1^2 + 0 \cdot \delta_1^2 \quad \text{与} \quad \alpha_2^2 + \beta_2^2 + \gamma_2^2 + 0 \cdot \delta_2^2$$

和这两个值组构成的极型的值

$$\alpha_1\alpha_2 + \beta_1\beta_2 + \gamma_1\gamma_2 + 0 \cdot \delta_1\delta_2$$

都是不变量。$\cos\omega$ 正是用这些式子构成的。进而,$\cos\omega$ 是两个值组 $\alpha_1, \cdots, \delta_1$ 和 $\alpha_2, \cdots, \delta_2$ 的零次齐次式,像所给的二次型的系数 1,1, 1,0 一样。所以这个表达式在度量几何学中有一个独立的意义。事实上,在度量几何学中,存在着与单位选择无关的绝对的角度测量。这说明,我们的表达式是一个绝对不变量。

其次,关于距离 r,我们回忆起,我们曾用一个或两个平面的坐标对点坐标的二次型的行列式"加边"而构成一个点坐标二次型的不变量。如果我们完全用对偶方法,对二次型 $\alpha^2 + \beta^2 + \gamma^2 + 0 \cdot \delta^2$ 的行列式

$$\begin{vmatrix} 1 & 0 & 0 & 0 \\ 0 & 1 & 0 & 0 \\ 0 & 0 & 1 & 0 \\ 0 & 0 & 0 & 0 \end{vmatrix},$$

用给出的点的坐标 $\xi_1, \cdots, \tau_1$ 和 $\xi_2, \cdots, \tau_2$ 加边一次和二次,则同样可以得到由平面坐标和两个点的坐标的二次型组成的不变量,从这样得到的行列式,我们作出商

$$\frac{\begin{vmatrix} 1 & 0 & 0 & 0 & \xi_1 & \xi_2 \\ 0 & 1 & 0 & 0 & \eta_1 & \eta_2 \\ 0 & 0 & 1 & 0 & \zeta_1 & \zeta_2 \\ 0 & 0 & 0 & 0 & \tau_1 & \tau_2 \\ \xi_1 & \eta_1 & \zeta_1 & \tau_1 & 0 & 0 \\ \xi_2 & \eta_2 & \zeta_2 & \tau_2 & 0 & 0 \end{vmatrix}}{\begin{vmatrix} 1 & 0 & 0 & 0 & \xi_1 \\ 0 & 1 & 0 & 0 & \eta_1 \\ 0 & 0 & 1 & 0 & \zeta_1 \\ 0 & 0 & 0 & 0 & \tau_1 \\ \xi_1 & \eta_1 & \zeta_1 & \tau_1 & 0 \end{vmatrix} \cdot \begin{vmatrix} 1 & 0 & 0 & 0 & \xi_2 \\ 0 & 1 & 0 & 0 & \eta_2 \\ 0 & 0 & 1 & 0 & \zeta_2 \\ 0 & 0 & 0 & 0 & \tau_2 \\ \xi_2 & \eta_2 & \zeta_2 & \tau_2 & 0 \end{vmatrix}}。$$

　　如果展开这些行列式,则不难证明,这个商正是上面给出的 r 的值,因而是不变量。和前面考虑过的仿射几何中的基本不变量一样,这个商是齐次的,对两点的坐标而言是零次齐次,但对给出的二次型的系数而言是 -4 次齐次的。而且它不是绝对不变量,因为每个行列式的权为 2,故商的权为 $2-4=-2$。这里有与前一节结尾所考虑的做法相对称的方法,并与我们由此得出的结论一样。于是,数值 r 在度量几何中没有直接的意义。事实上,只有在假设了一个任意单位长线段,即将这样的线段和基本的二次型一起加入到结构中之后,

才能测量两点间的距离。只有构造出这里所考虑的类型的各表达式的商,才能得到度量几何中的绝对不变量。这些例子至少能向你们说明系统引入整有理不变量而使仿射与度量几何得到系统发展的概况。我希望你们通过阅读扩大你们从上述教科书里得到的知识。[①]。

我稍微再讲一个所谓三角形几何学的简单例子,这个例子在克莱布什-林德曼的新版讲义中作了详细的讲解[②]。随着时间的推移,特别是由于中学教师的工作,在三角形几何学方面已经形成了广大的封闭的领域。这些中学教师竭力研究了许多不平常的点、线、圆,而这些都可以结合三角形,如重心、高度、角的平分、内接、外切、费尔巴哈(Feuerbach)圆等来确定。长期以来人们一直在努力,而且至今仍在努力发现的无数关系,轻而易举地归入了我们的完整系统。设给出了 3 个点

$$(\xi_1,\eta_1,\tau_1),(\xi_2,\eta_2,\tau_2),(\xi_3,\eta_3,\tau_3)$$

作为一个三角形的顶点。因为我们关心的是度量关系,我们加入两个虚圆点,它的线方程是 $\alpha^2+\beta^2=0$。我们可以简单地把它们的点坐标 $(1,i,0)$ 和 $(1,-i,0)$ 加进去(图 20.5)。于是,整个三角形几何学只不过是这 5 个点,即 5 个任意点的射影不变量理论(其中两个点,我们用特殊的术语表示)。这个说明对三角形几何学的系统结构特征做出了清晰的分析,否则

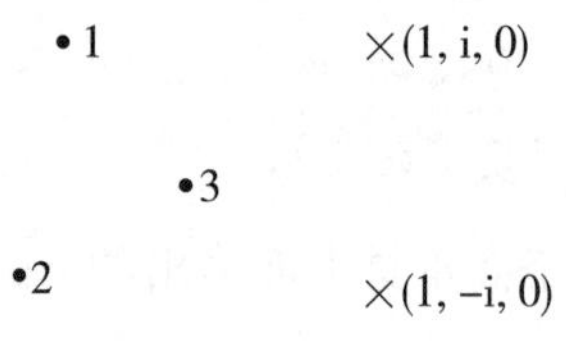

•1　　　　　×(1, i, 0)

　　　•3

•2　　　　　×(1, -i, 0)

图 20.5

---

① 结合上述内容,应特别注意 H. 布克哈特在《数学年刊》第 43 卷(1893 年)里的文章:"Über Funktionen von Vektorgrössen, welche selbst wieder Vektorgrössen sind. Eine Anwendung invariantentheoretischer Methoden auf eine Frage der mathematischen Physik"。

② 该讲义第 321 页。首先,我要提到《百科全书》(ⅢAB10)里的那篇文章。

我们是看不明白的。

　　几何的系统发展的讨论，就到这里为止。上述严整的分类当然会满足人的审美。不但如此，这个系统的处理本身可使我们对几何学产生更深的理解，所以每一个数学家和未来的教师都应该对它有所了解。基于这个理由，我觉得不得不把它包括在本课程内。尽管你们经常会在文献中找到这个观点，但也许不一定像这里所作的介绍那样系统。当然，把我们教条地束缚在这个系统处理上，总是从这个角度去讨论几何学，是完全不正确的。这样，这个主题很快就会变得乏味，失去一切吸引力。重要的是，它会阻碍探索思想的发展，而探索思想始终是不受哪一种系统的束缚的。

　　到此为止，我们所讨论的，在某种意义上是几何这座大厦的建筑设计。现在，我们的注意力将转到同样重要的一个问题，即几何的基础问题。

第二十一章　几何学基础

我们现在进入的是一个非常广阔的领域,这一章的观点取自 F. 恩里克斯刊于《百科全书》(Ⅲ A. B. 1) 的文章:《几何学原理》("Prinzipien der Geometrie")。

几何学基础的研究,往往非常接近认识论和心理学范围,因为认识论和心理学也要研究空间概念的起源及用数学方法来处理空间关系的合理性。当然,我们只能非常表面地触及这些问题,主要是处理涉及数学的一个侧面,并假定空间概念是理所当然的事。至于个人的空间概念是怎样发展起来的,是怎样发展到我们数学家那样习以为常的精确形式的,这个问题在教育学上固然重要,但我们也必须略去不谈。

这样一限制,我们的问题就是:怎样在最简单的基础上,通过逻辑运算建立起整个几何学结构。纯粹逻辑当然不能提供基础。只有在问题的第一部分被解决后,即在有了由某些简单的基本概念与某些简单的陈述(所谓公理)组成的、符合我们最普通的直觉的系统之后,才可能用上逻辑推论。当然,这些公理可以根据不同的作者而被分为相互独立的各个部分,我们有很大的选择自由。这个公理系统所必须满足的一个条件是问题的第二部分所施加的:必须能从这些基本概念与公理出发,不求助于任何直觉,逻辑地推导出几何的全部内容。

本书全书结构就表明了这个问题的特定处理方法。原则上,我们始终利用分析的帮助,特别是利用解析几何方法的帮助。因此,这里也以一定的分析知识为前提。我们将问:怎样才能以最简捷的方法从一个给定的公理系统求出解析几何的定理? 遗憾的是,由于几何学家常常不愿使用分析,希望尽可能不用数字,因此很少使用这种简单的推导方法。

总之这里的研究一般地说可以用不同的方法来进行,取决于我们决定采用何种基本概念与公理。比较方便而且也是常用的方法,是从射影几何的基本概念,即从我们已经强调过的点、直线与平面出发。这些东西是什么? 我们不想给出定义——我们一开始就必须知道这一点。我们只要对许多特征和相互关系做出陈述,以便由此按上面指定的意义推出几何学的全部内容。为此而需用到的公理现不完全列举,因为这样会使我们扯得太远。我只概括若干公理的内容,足以使你们获得一个清楚的概念。

首先是在射影几何中已说过的连接公理。开头不像射影几何里所要求的那样,毫无例外地要求平面上的两条直线必有交点或两平面必有交线。相反,为了适应于度量几何与仿射几何的关系,我们将限于下述公理:平面上两直线有一个公共点或没有公共点,两平面有一条公共线或没有公共线。然后再添加“不正常”的点、线与平面,从而导出射影几何的整个系统。

其次是顺序公理,说明平面与直线上不同点的相互位置。例如直线上 3 个点 a,b,c 必有一点例如 b 处在其他两点 a 与 c 之间,等等。这也叫作“介于性公理”(图 21.1)。

最后是关于连续性问题。暂时我只能强调直线上没有空隙。如果我们用任何方法将点 a 与点 b 之间的线段分割成 1 与 2 两部分

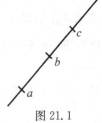

图 21.1

(设 a 在 b 的左端),使得部分 1 的所有点在部分 2 的所有点的左侧,则存在一分割点 c,使 1 的点位于 a 与 c 之间,2 的点位于 c 与 b 之间。这显然对应于用戴德金分割引入无理数的情况[①]。

从这些公理出发,就能通过逻辑推导得出空间射影几何的全部内容。特别是能立即引入坐标,并用解析方法处理射影几何。

过渡到度量几何上来,则必须考虑在射影几何中还有 ∞^{15} 共线群或空间射影变换的概念。我们知道如何把空间 7 个参数的运动主群描述为一个上述群的子群。它的不变量理论组成了度量几何学的基础。这个群由共线变换组成,并使某个平面即无穷远平面和该平面上的一条二次曲线即虚球面圆(或表示它的绝对极系统)保持不变。但是,如果我们希望正确地得到初等几何定理,则必须向前多跨一步。我们必须从主群中分离出 6 个参数的真运动子群(平移与旋转),它们与相似变换不同,保持两点间距离完全不变。用这种方法,我们将得到全等度量几何作为我们的不变量理论。例如,提出这样一个要求:一个运动的"路径曲线"就它只保持一个点固定而论是闭合的,就可以从主群中导出运动来。

这种建立几何学的构思或许从理论上来说是最简单的,因为它首先对射影几何只用到线性位形的运算,为了建立度量几何才不得不加上二次位形、虚球面圆。然而要实现这个构思,又是十分抽象和麻烦的事情,也许只有在专门讲射影几何的课程中才宜于这样做。在这个一般的说明之后,就要请你们参考最易读的文献中的表述,即 H. 弗莱舍尔所译 F. 恩里克斯的一本名为《射影几何讲义》(*Vorlesungen über projective Geometrie*)的书[②]。

---

①　见第一卷第二章 2.3。

②　莱比锡,1903 年(德文版第二版出版于 1915 年)。原书书名为 *Lezioni di geometria proiettiva*,意大利波洛尼亚,1898 年;第三版,1909 年。

为了方便教学,对于马上就要讲到的这个几何课程,我宁愿采取另一种讲法。而且为了简单起见,只限于平面几何。

21.1　侧重运动的平面几何体系

我们把点和直线作为基本概念,且对它们假设有连接、顺序和连续性公理。这里连接性公理仍然只包含这样的直观事实:过两点总可以连一条且只有一条直线,而两条直线则没有或只有一个交点。关于在一条直线上的点的顺序,我保留前面已指明的条件。在研究的过程中,将会考虑对附加的顺序和连续性公理做仔细的阐述。

在这个基础上,我们将避免拐弯抹角地使用射影性,并立即引出平面上的 ∞^3 运动群,通过它得出平面解析几何的系统。首先我们必须在一系列公理内抽象地用公式表示将要使用的,关于我们的点线系统的这些运动的性质。当然,我会以刚体作比拟,用以此得来的生动的运动概念作指导。于是,一个运动首先必须是空间的点的单值可逆变换。特别是,它必须使每个点与有限空间中的一个点是同等的。而且,它必须无例外地把一条直线变换成一条直线。一般来说,对这类变换,仍用"共线性"一词是方便的。当然,我们还不知道是否有这种共线性变换,因为现在我们不像以前那样掌握着射影几何。因此,必须通过一个新公理,至少对这些特别的共线性的存在作专门的假设。于是,我们假设存在一个我们称为运动群的 ∞^3 共线性变换群,我们将把它的不变量理论作为平面几何学来看。我们必须较准确地解释这里的"无穷的三次方"表示什么。给定任两点 A,A',分别用它们画出射线 a 与 a'(图 21.2),于是存在且仅存在一个把点 A 移到点 A' 且把射线 a 移到射线 a' 的运动。能借助运动彼此重叠的两个图形,称之为全等。

但我们不会使用这个运动群的
全体,而只利用其中特殊的一类,我
们将对此建立某些专门的公设。事
实上,正好只有一个运动把点 A 移
到一个任意给定的点 A' 且将从 A 到
A' 的直线(连同这个方向)变成自
己。我们称这样的运动为平移,或准

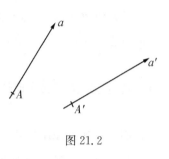

图 21.2

确地说,称之为平行移动。我们现在假设,每个这样的平移将每一条
连接任意对应点 B 与 B' 的直线保持其正向而转换成其自身。而且

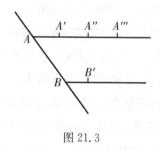

图 21.3

关键的是,这个平面的 ∞^2 个平移组成
运动群的一个子群。

如果我们重复一个同样的平移
(图 21.3),将点 A 沿着指向点 A' 的
射线 AA' 逐次移到点 $A',A'',A''',\cdots$。
作为另外一个公设,我们必须假设这
些点将最终到达或包括这条射线上的
每个点。通过重复其逆变换,我们在
反向射线上将得到一系列同类性质的点。如果我们设想每一个平移
是从起点到终点连续地实现的(这一点以后我们会用到),则将称所
述的线为点 A 在平移下的轨线。因此,每条线都是无穷多个点的轨
线,而对每个平移,有 ∞^1 个轨线,即转移为自身的直线。

现在应注意到,同一平移下的两条不同的轨线不可能相交。否
则,此交点显然会是两个不同点平移的结果,即是从两条轨线中每一
条得到的公共点,这与平移作为单值可逆变换的特点相矛盾。我们
说,同一个平移产生的所有轨线是彼此平行的。因此,从我们的运动
的性质导出了这个概念。同时也很清楚,过一给定的点 A,必然存在

一条与线 a 平行的直线,即在沿直线 a 平移的变换下的点 A 的轨线。

最后,我们必须为这些平移建立最后一个公理:任两个平移 T', T'' 是可交换的。即当我们对一给定点 A 首先施以平移 T' 然后施以 T'',其所得结果的点 B 与先施以 T'' 后施以 T' 的相同(图 21.4),用符号可以写成 $T' \cdot T'' = T'' \cdot T'$。

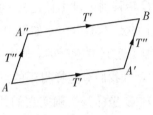

图 21.4

后面会讲到我们得出这些公理的方法。目前我们只强调,我们的原始公理只不过表达了每个人从一开始作几何图形时就已熟悉的事情。几何作图中的第一件事就是移动一个固体,即从画图平面的一部分把直尺、圆规或其他仪器移动到另一部分以便转递一些度量。特别是经常沿一条直边滑动三角尺来实现平移的操作(图 21.5)。这些经验一次又一次表明,三角尺的所有点描出了平行线。因此,我们的假设(我们将不再对它们作更深入的逻辑分析)完全不是虚构出来的。

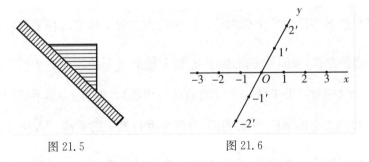

图 21.5　　　　　　　　　图 21.6

我们现在看看,用这些从平移中推导来的最初概念,能在解析几何中得到什么结果。当然,我们不能谈论直角坐标系,因为我们还没有给直角下定义的基础,但可以引入一般的平行坐标系。我们过一点 O 画任意两条直线,分别称为 x 轴和 y 轴(图 21.6)。我们考虑把点 O 转移到 x 轴上任选的一点 1 的平移 T,并设重复平移 T 产生 x 轴上的点 $2,3,4,\cdots$。如果用同样的方法进行逆变换 T^{-1},即通过平移把 1 变到 0(点 O),则从点 O 逐次得到 x 轴上的点 $-1,-2,$ $-3,\cdots$。我们对这样得到的点指定正负整数 $0,1,2,\cdots,-1,-2,\cdots$ 作为"横坐标" x。确实它们并未包括 x 轴上的所有点,但根据我们的公设,它们的位置会使任何其他点均被包含在其中某一对点之间。

我们用类似的方法从沿 y 轴的任意平移 T' 出发,并向前或向后重复平移,得到点 $1',2',\cdots,-1',-2',\cdots$,对它们指定相应的正负整数作为 y 的坐标,但这里应注意,我们对这样确定的 x 线段与 y 线段不能建立彼此的互换关系,因为尚未引入能使 x 轴变为 y 轴的运动(旋转)。

如果我们让任意确定的单位保持固定,那么现在就能考虑在 x 轴上具有非整数横坐标的点。我们首先讨论有理点。为了用一个例子把事情弄清楚,我们找一个沿 x 轴的平移 S,使得两次平移 S 就得到单位平移 T。我们对 O 应用平移 S 而得到的点指定为点 $\frac{1}{2}$。反复应用 S 即产生横坐标为 $\frac{3}{2},\frac{5}{2},\cdots$ 的点。为了确定这种平移和这些点的存在,我们首先指出,从 $\frac{1}{2}$ 到 y 轴上点 $1'$ 的连线必平行于直线 $12'$(它对应于平分一个线段的已知作法)。事实上,如果我们把点 O 到点 $\frac{1}{2}$ 的平移 S(图 21.7)分解为由 O 到 $1'$ 的平移 T' 及由 $1'$ 到 $\frac{1}{2}$ 的平移 S'。按定义,两次平移 S 就等同于 T,根据两平移的可交换性,两次 S 就等于两次 T' 之后跟着两次平移 S'。因为两次 T' 将

O 变到 $2'$，所以等于是说，两次施用 S' 就会把 $2'$ 变成 1。于是 $2'1$ 是平移 S' 的轨线，与同样平移下的轨线的 $1'\frac{1}{2}$ 平行。

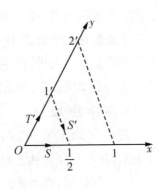

图 21.7

　　根据前述，我们已经有点 $2'$ 和点 1，从而有平移 S'。如果我们能证实从 $1'$ 出发的平移 S' 的轨线与 x 轴相交，则这个交点就是从给定的元素作出的点 $\frac{1}{2}$。而且这是唯一可能的。当然，从直观上没有人会怀疑这一点。但在我们的公理推导的结构中，我们需要一条专门的公理，所谓平面的"介于性公理"。根据此公理，如果一条直线通过一个边而进入一个三角形，则必然从另一边离开此三角形。这是空间直觉的普通事实，但由于它逻辑上独立于其他公理，因而需要这样强调。显然，完全类似的推理将证明每一个有理横坐标 x 均有对应的点。从我们的公设不难推出，每一个线段无论怎样小，其内均存在"有理点"。

　　现在，为了真正达到在几何中实际考虑的所有点，我们必须引入无理数横坐标。为此需要一个新的且十分明显的公理，对上述连续性的要求做出准确的陈述。如：在 x 轴上有无穷多个其他的点（轴到自身的平移），它们相对于有理点的顺序与连续性的关系，与无理数相对于有理数的顺序与连续性的关系一样。这个公理的合理之处在于：历史上无理数正是从几何的连续性引出的，尽管过程与此处相反。[①] 我们最后有：x 轴上的所有点与所有正负实数 x 具有单值可逆对应

---

① 参考第一卷第二章 2.3"无理数"。

关系。类似的关系当然可以对 y 轴上的点建立起来。

我提醒你们注意,这样为在一条直线上建立标度而设计的方法是完全自然的。当我们做标度时,通常就是沿一条直的边界移动一个具有任意单位长度(例如说圆规两脚间的距离)的刚体,然后再细分这样得到的线段。

现在,平面上每一个沿 x 轴的平移,都可以用一个简单的方程来表示,此方程对 x 轴上每一点 x 给出一个新位置的横坐标 $x' = x+a$。换句话说,有理或无理、正或负线段 a 被加到 x 上。类似地,一个沿 y 轴的平移用方程 $y' = y+b$ 表示。如果我们用任意顺序依次进行这两个平移,点 O 就会变到一个确定的点 P(图 21.8),因为平移是可交换的。我们说 P 具有横坐标 a,纵坐标 b。反之,对任一点 P,可以指定唯一的两个数 a,b。我们只需

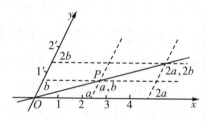

图 21.8

将 O 移到 P,并决定坐标轴的交点相对于原来位置的横坐标与纵坐标。于是在平面上的点集与数对 (a,b) 集之间建立了一一对应关系,即在平面上有了一个完全确定的坐标系。

剩下的是考虑直线方程是什么样子的。我们首先研究从点 O 到点 $P(a,b)$ 的直线。它显然必须包含所有把点 O 变为点 P 的逐次平移所产生的所有点,即 $x=\lambda a, y=\lambda b$,其中 λ 是整数。而且我们看到,对有理数 λ,而后对无理数 λ,由这个方程所确定的点也在此直线上,但这已将直线上所有的点取尽了。消去 λ,我们得到直线方程 $x:y=a:b$,或 $bx-ay=0$。由此推出,只要 α,β 不同时为零,每个形如 $\alpha x+\beta y=0$ 的方程都代表过点 O 的一条直线。现在,任一条直线

可由一个选好的通过点 O 的直线作平移而得出。于是，最终得出所有直线均由所有一次方程

$$\alpha x + \beta y + \gamma = 0$$

给出。由于这个原因，它们被称为线性方程。

从直线具有线性方程这一事实，可推知大部分几何定理能毫无困难地用解析几何的方法推导出来，这里就不细说了，我只想补充说，我们可以用这种方法推导出全部仿射几何，因而可推出全部射影几何。在关于 ∞^2 个平移的子群的一个专门公设的基础上，我们能十分简单地得到这些。我只要再强调一下后面将要利用的一个事实。我们前面用射影几何的定理证明了莫比乌斯定理：每个共线变换是射影变换，即用坐标的线性分式函数或线性整变换给出的变换。现在，根据我们的第一假设，所有运动都是共线性的，且把每个有限点变为一个有限点。但另一方面，我们现在已推出了全部射影几何，因而从我们的角度出发，莫比乌斯定理是有效的。因此，每个运动将必然被一个前面引出的平行坐标 x 与 y 的线性整式变换所表示。

至此，我们还只能谈及 x 轴或 y 轴上两点之间的距离。如果我们希望深入到几何学的度量概念，特别是如果希望知道两条直线之间的角与任两点之间的距离，我们就必须把注意力转入整个运动群。

我们将专门考虑保持一个点（例如原点 O）不变的运动，即所谓绕此点的旋转。根据关于一个运动的确定性的一般公设，正好存在一个把点 O 的射线 a 变到另一个任意的过点 O 的射线 a' 的旋转（图 21.9）。在某种意义上，旋转是平移的对偶变换，因为它们保持一个点不变，而平移把一条直线变为自身。正如平移一样，我们将把旋转考虑为从原来位置连续地进行的。因此，我们又要谈到每个点画出的轨线。

然而，在旋转和平移之间有一个本质区别，必须用一个公设来表

达。通过反复施加一个同样的围绕点 O 的旋转,从 a 导出的射线 a', a'', …最终将达到或包含每一条过 O 的射线(而平移只产生一条射线上的点)。因此,射线 a 经连续旋转必然最终回到原来位置,而且 a 的每一点也回到原来位置。因此,轨线是一条封闭的曲线,它与每一条过点 O 的射线交于一点 A,从而所有线段 OA 彼此全部

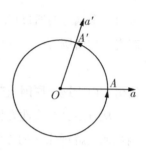

图 21.9

相同(即能通过运动把一个线段重叠于另一个之上)。这些轨线即通常所谓以点 O 为中心的圆。

借助这些旋转,我们将像用平移在直线上建立标度一样,在过点 O 的射线束上建立标度。这里,我们还得对连续性做出适当的假设。我不必详说,只给出结果:我们对每个旋转给一个实数,称为旋转角,且每个实数将表现为一个旋转角。当然,旋转的周期性将作为一个新概念而出现,自然会选把一条射线转成自身的完全旋转作为一个单位。但传统上,我们选一个完全旋转的 $\frac{1}{4}$ 作为单位,称其角为一个直角 R。于是每个旋转用角 $\omega \cdot R$ 来测量,其中 ω 可以是任意实数,但考虑到周期性,可能把角的值限制在从 0 到 4 上(图 21.10)。

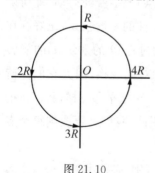

图 21.10

用同样的方法,可以确定出围绕任意其他点 O_1 射线束的角的度数。但借助于平移,可以将点 O 处角的度数立即转移到点 O_1。事实上,如果给出了过点 O_1 的射线 a_1 与 a_1'(图21.11),且如果 T 是将点 O 变到点 O_1 的平移,则平移之逆 T^{-1} 将 a_1 与 a_1' 变成过 O 的射线,记

之为 a 与 a'。如果 Ω 是由 a 到 a' 的绕 O 的旋转,则由 a_1 到 a'_1 的绕 O_1 旋转 Ω_1,由 T^{-1},Ω 和 T 逐次变换而成,或用符号写成

$$\Omega_1 = T^{-1}\Omega T.$$

这是由于:右侧也表示一个将 O_1a_1 变到 $O_1a'_1$ 的运动,而这种

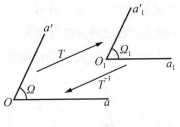

图 21.11

运动是唯一的。现在,我们对 Ω_1 指定一个角 $\omega \cdot R$,而按上面定义,Ω 也具有同样一个角 $\omega \cdot R$。如果在线束 O 中有第二个旋转 Ω',则在线束 O_1 中与之对应的旋转为

$$\Omega'_1 = T^{-1}\Omega' T.$$

Ω_1 与 Ω'_1 的复合是

$$\Omega_1\Omega'_1 = T^{-1}\Omega T T^{-1}\Omega' T = T^{-1}(\Omega\Omega')T,$$

它对应于 Ω 与 Ω' 的复合。由此得出,因在 O_1 处用上述旋转的复合而出现的度数实际上与原在 O 处的重复旋转而出现的度数相同。

在欧几里得几何中有一个被我们大多数初等教科书删去的公理:所有直角是相等的。当然,每个中学生都会把这个公理看成是自然成立的。我也认为应该把它删去,因为学生不能理解它的意义。但它的内容与前面讨论的结果是相同的,即我们用在不同点的旋转所确定的等角,通过运动可以相重合。也就是说,它们是全等的。

我们现在已给出了角的一般定义,我们将定义任意两点之间的距离。至今我们只能通过平移来比较在同一条直线上的距离。如果在 x 轴上取定了例如与 O 距离为 r 的点,则可以用绕 O 的旋转把它转移到过 O 的任意直线 a' 上(图 21.12)。于是可以把 x 轴上的长度标度转移到 a',再通过平移转到与 a' 平行的任何直线上,从而转到

随便怎样的直线上。这样,通过用一直线连接两点,并用上述方法把 x 轴上的标度转到该直线上,就能测量任两点间的距离。特别是,我们将把开始为 y 所选的标度看成是这样从 x 轴上标度导出来的。

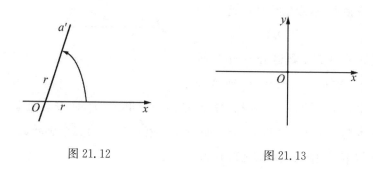

图 21.12   图 21.13

利用新的旋转概念,解析几何的工具就完备了。为此,我们将使用现在可以建立的直角坐标 x 和 y 来取代一般平行坐标系(图 21.13)。

我们已经知道,每个运动均由 x, y 的线性变换

$$x' = (a_1 x + b_1 y + c_1) : N,$$
$$y' = (a_2 x + b_2 y + c_2) : N$$

给出。因为它将每个有限点变为另一个有限点,分母 N 必然是常量且可以令其等于 1。如果专门考虑绕 O 的旋转,则 $c_1 = c_2 = 0$,我们有

$$x' = a_1 x + b_1 y, \qquad y' = a_2 x + b_2 y_o \tag{1}$$

对于绕过一个直角的特殊旋转,我们可以立即说出这个方程的形式。因我们有直角坐标系,x 轴变到 y 轴,y 轴则变到 $-x$ 轴,于是有

$$x' = -y, y' = x_o \tag{2}$$

这样,关于确定旋转公式的问题化为下面的纯分析问题:寻找一个形式为(1)的单无穷个变换的群,它包含变换(2),且当 ω 是实参数时,群中的每个变换一般由(2)式经 ω 次迭代而产生。ω 为有理分数值时,例如 $\dfrac{p}{q}$,这种表达式当然表示重复 q 次后的变换给出迭代 p 次而得的变换(1)。对无理数 ω,则可按我们关于连续性的假设用有理数逼近。必须清楚地了解到,我们可以不预先假设具有任何几何知识,特别是关于直角坐标系旋转公式的知识。这样建立起来的结构,当然不能立即用于中学教学,但它确实具有非常简单和漂亮的形式。

我先说明,利用复数,变换(2)可用一个式子写成

$$x'+\mathrm{i}y'=\mathrm{i}(x+\mathrm{i}y). \tag{2'}$$

从这个形式出发,我们看到两次施用此变换的结果,由 $x'+\mathrm{i}y'=\mathrm{i}^2(x+\mathrm{i}y)$ 表示。这是一个同样形式的方程,只是用因子 i^2 代替了 i。类似地,在上述意义上的 ω 次重复,对每一个实数 ω 产生因子 i^ω。于是,我们对平面绕 O 经过角 $\omega \cdot R$ 的旋转得到其解析表达式为

$$x'+\mathrm{i}y'=\mathrm{i}^\omega(x+\mathrm{i}y). \tag{3}$$

为了准确地实现这个想法,我们必须使用分析中关于指数函数 e^z 以及三角函数的完整的知识,这些函数满足欧拉公式

$$\mathrm{e}^{\mathrm{i}z}=\cos z+\mathrm{i}\sin z。$$

在写出这个关系时,不必对其几何意义有丝毫怀疑。

通过公式 $\mathrm{e}^{\mathrm{i}\pi}=-1$,我们也知道数 π,且我们可以写

$$\mathrm{i}=\mathrm{e}^{\mathrm{i}\cdot\frac{\pi}{2}}。$$

对 i^ω,我们在此理解为由公式

$$\mathrm{i}^\omega=\mathrm{e}^{\omega\frac{\mathrm{i}\pi}{2}}=\cos\frac{\omega\pi}{2}+\mathrm{i}\sin\frac{\omega\pi}{2}$$

所确定的唯一值。如果我们将之代入(3)式,并分离出实部与虚部,

我们有

$$
\begin{cases}
x' = \cos \dfrac{\omega\pi}{2} \cdot x - \sin \dfrac{\omega\pi}{2} \cdot y, \\[2mm]
y' = \sin \dfrac{\omega\pi}{2} \cdot x + \cos \dfrac{\omega\pi}{2} \cdot y。
\end{cases}
\tag{4}
$$

它正是按初等解析符号所给出的运动群的表达式。

根据此结果,自然不取直角,而取 $\dfrac{\pi}{2}$ 为单位。我们将像称自然对数一样,称它为自然角标度,以表明这些概念基于事物的自然性质,尽管要充分理解它的意义,尚需较深的洞察力。在这个自然标度中,我们用 ω 代替 $\omega \cdot \dfrac{\pi}{2}$,并得到代替(4)式的、作为旋转公式的著名等式

$$
\begin{cases}
x' = \cos \omega \cdot x - \sin \omega \cdot y, \\[2mm]
y' = \sin \omega \cdot x + \cos \omega \cdot y。
\end{cases}
\tag{5}
$$

现在必须考查这些公式,看看它们包含什么几何内容。它们原来是通常用来推出(5)式的一些初等定理。

1. 我们从考虑 x 轴上到原点的距离为 r 的点 $x=r, y=0$ 出发。如果将它转过角 ω,(5)式给出它的新坐标位置为

$$
x = r \cos \omega, \quad y = r \sin \omega。
\tag{6}
$$

这里为了简单起见,省略了新坐标上的一撇。为了确定起见,设 $\omega < \dfrac{\pi}{2}$,并考虑由矢径 r 和点 (x, y) 的横坐标 x 与纵坐标 y 组成的直角三角形(图 21.14)。(6)式表达了边与角 ω 之间的联系。根据三角函数的解析定义得出的关系式 $\cos^2\omega + \sin^2\omega = 1$,我们从(6)式立即得出

$$x^2 + y^2 = r^2 \text{。} \qquad (6a)$$

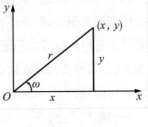

图 21.14

这就是毕达哥拉斯定理[①]。在这里，它是我们关于平面上运动假设的结果。而且，我们可将（6）式写成

$$\cos \omega = \frac{x}{r}, \sin \omega = \frac{y}{r}, \qquad (6b)$$

从而使我们的角函数得到了初等三角的意义。通常，角函数的严格定义形式是：余弦与正弦是邻边与对边分别和斜边之比。

2. 如果我们将给出的元素、点或直线，通过平移或旋转变到前面考虑过的特殊位置，则不难为基本概念——距离与角给出一般的解析表达式。对于两点 $(x_1, y_1), (x_2, y_2)$ 之间的距离，我们有

$$r = \sqrt{(x_1 - x_2)^2 + (y_1 - y_2)^2} \text{。}$$

为了得到这个结果，只需要将点 2 用平移转到原点，根据平移公式，点 1 的新坐标就成了差 $x_1 - x_2, y_1 - y_2$，而（6a）式立即给出我们对 r 的表达式。同样，对方程为 $\alpha_1 x + \beta_1 y + \delta_1 = 0, \alpha_2 x + \beta_2 y + \delta_2 = 0$ 的两条直线之间的夹角 ω，可从（6b）式得到公式

$$\cos \omega = \frac{\alpha_1 \alpha_2 + \beta_1 \beta_2}{\sqrt{\alpha_1^2 + \beta_1^2} \sqrt{\alpha_2^2 + \beta_2^2}},$$

$$\sin \omega = \frac{\alpha_1 \beta_2 - \alpha_2 \beta_1}{\sqrt{\alpha_1^2 + \beta_1^2} \sqrt{\alpha_2^2 + \beta_2^2}} \text{。}$$

我不必给出证明的细节。

3. 最后，我们尚需讨论面积的概念。到目前为止，在我们讲述

---

① 我国称为勾股定理。——中译者

的几何中,还丝毫没有用到面积概念。然而,这个概念存在于每个人的自然空间意识中,即使不太严格。每个农民都知道一块地有多少亩是什么意思。尽管我们已完整地奠定了几何的基础而没有用到这个基本概念,但我们现在应该加上它作为对这个系统的补充,即用坐标来表达面积。

我们必须先进行一个简单的几何讨论,如同在欧几里得几何里进行的或在初等数学里进行的那种讨论。如果我们有一个边长为 A 与 B 的矩形,我们定义它的面积为乘积 AB。如果我们合并两个矩形或任意两个已知面积的图形,我们就定义合成图形的面积为两面积之和。如果我们从一个矩形或另一个图形中除去其中的一小块,则剩余部分的面积为原给两面积之差(图 21.15)。

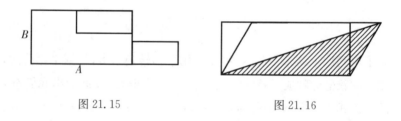

图 21.15   图 21.16

有了这些规定,我们立即可讨论平行四边形的面积。从一个底和高与其相等的矩形中去掉一个三角形,再加上一个与它全等的三角形,就得到这个平行四边形(图 21.16)。因此它的面积等于矩形的面积,即底与高之积。用一条对角线将平行四边形分成两个全等的三角形,因而其中每一个有平行四边形的一半面积,即三角形的面积是底乘以高之半。

如果我们将这个公式用于边长为 r_1, r_2,夹角为 ω 的三角形,边 r_1 上的高为 $r_2 \sin \omega$,则面积为

$$\Delta = \frac{r_1 r_2 \sin \omega}{2}。$$

如果我们把这个三角形的一个顶点放在原点(图 21.17),设另两点的坐标为(x_1, y_1)与(x_2, y_2),则根据上面得到的距离与角的公式,面积公式可写成

$$\Delta = \frac{x_1 y_2 - x_2 y_1}{2}。$$

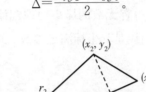

图 21.17

不难证明,坐标系的旋转使此公式保持不变,故它实际上提供了一个"几何概念"。为了得到在坐标平移从而在所有运动下的不变性,我们必须变换第三个顶点,即必须为具有 3 个任意顶点(x_1, y_1),(x_2, y_2),(x_3, y_3)的三角形建立面积公式。我们用这种方法得到公式

$$\Delta = \frac{1}{2} \begin{vmatrix} x_1 & y_1 & 1 \\ x_2 & y_2 & 1 \\ x_3 & y_3 & 1 \end{vmatrix}。$$

这事实上就是本卷开头的那个公式。不难证明,如果几个三角形被组合在一起或分成几个部分,则其面积按上面的公式相加或相减。正如我们以前所看到的,其证明依赖于简单的行列式的关系。

面积概念就这样补充进了我们的解析几何系统。同时我们获得了某些不包含在上述初步概念里的东西:面积变成了一个有符号的量。我在本卷的开头已讨论过,和面积作为一个绝对量的自然概念相比较,加上符号后以公式任意作运算,既通用又方便。

4. 另外一个以不同程度的严格性在各个空间直觉中出现的概念,是一条(任意)曲线的概念。每个人都认为他知道曲线是什么,学了很多数学之后,才觉得有无数的怪事使他糊涂。这里我只简单地说,对我们而言,一条曲线是其坐标满足参数 t 的连续并可微到所必要阶数的函数 ϕ,χ

$$x=\phi(t), \qquad y=\chi(t)$$

的点的全体。用这个方法,我们在解析几何的基础上,立即推导出通常称为微分几何的概念和定理,即弧长、曲面面积、曲率、渐屈线等概念和定理。基本思想就是把曲线想象成折线的极限(图 21.18)。如果两组邻点的坐标是 (x,y) 与 $(x+\mathrm{d}x, y+\mathrm{d}y)$,则从毕达哥拉斯公式立即推出弧长公式为

$$\int \sqrt{\mathrm{d}x^2 + \mathrm{d}y^2}\,。$$

以同样的方法,也可从以 O 为顶点的三角形面积公式推出曲线与两端点矢径间的扇形面积公式为

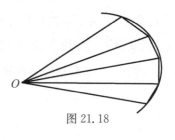

图 21.18

$$\frac{1}{2}\int (x\mathrm{d}y - y\mathrm{d}x)\,。$$

几何学的第一个发展体系就讲完了,这个体系的特点是首先确立了 3 个参变量的运动群的存在与结构,然后引入坐标,从而使我们后面的推论完全算术化。还有几何学的第二个发展体系,在某种意义上和上述体系正好相反,它直接导出度量几何,而且它始终占有一个重

要地位。现在就来讨论这个体系。

21.2 度量几何的另一种发展体系——平行公理的作用

和前一种发展体系相比,这一体系的不同之处在于现在完全不要运动的概念,至多是把它作为事后考虑的对象。古代,甚至现代人们也常常这样进行讨论,某种程度上是出于哲学上的考虑,这一点我至少应该提到。人们担心运动概念会把一个外部元素即时间概念引入几何学。后来试图用明显的刚体概念来说明引入运动概念的合理性时,又有人提出反对,认为这个概念本身不具有准确的可理解的意义。相反,人们主张只有掌握了距离概念之后,运动概念对我们才有意义。当然,经验主义者会回答说,抽象的距离概念,实际上只能从"足够"硬的刚体的存在中推出。现在对几何学的第二种几何发展体系的主要思想作一简略的介绍。

1. 和以前一样,我们先引入点和直线以及关于它们的连接性、顺序性与连续性的公理。

2. 除此之外,我们另外假设两个新的基本概念:一是两点之间(线段)的距离,二是两线之间的角。然后建立关于它们的公理,实质上线段和角可按习惯的方法用数来度量。

3. 于是,第一个全等定理视为下述的特征性公理,它实际上取代了运动群公理:如果两个三角形有两边及其夹角分别相等,则它们是全等的,即它们的各部分均相等。在上一个体系里,这是一个可证明的定理,因为我们可以找到一个运动,把边 $A'B'$ 移到与 AB 重合(图 21.19)。于是,$A'C'$ 必然与 AC 重合,两个三角形也由于这个假设而重合了。但如果不把运动作为基本概念包括在内,即如果不使用运动概念,就不可能证明此定理,因此必须假设它为一个新公理。

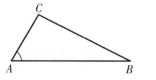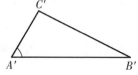

图 21.19

4. 其余步骤,正如你们所知道的,和上一个体系完全相反。初等几何教学都是这样做的,本质上遵循着后面还要谈到的欧几里得体系。习惯上首先是证明毕达哥拉斯定理,然后从它们在三角理论中的意义引出三角函数余弦与正弦。从这里开始,最后导出我们已介绍过的同样的解析工具。

5. 在这个过程中,建立另一个十分重要的关于平行理论的公理就十分必要了。在上一个体系中,平行性是随平移的考虑之后立即出现的最初几个基本概念之一。那里说,几条直线如果是同一平移的轨线,就称为平行的。这里则完全不同:平行性还不属于已经考虑过的基本概念之列,所以现在必须加以讨论。事实上,如果我们有一条直线 g(图 21.20)和其外一点 O,将 O 与 g 上一点 P 连接起来,并使 P 沿 g 移动而通过点 P',P'',$\cdots$。换句话说,我们考虑一个个点 P,P',P'',$\cdots$,或一条条直线 OP,OP',OP'',$\cdots$。这里没有原先意义上的运动思想。射线 OP 在 P 移到无穷远时达到一个极限位置,我们称这条极限的直线通过点 O 与 g 平行。当 P 从两个方向趋向无穷时,并未表明 OP 应趋向同一极限位置,以致有这样一种抽象的可能性:过点 O 存在两条与 g 平行的不同的直线。

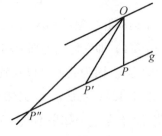

图 21.20

因此，在现在这个体系中，如果根据我们的一般直觉，我们假设这两个极限位置一致，即过一点只有一条直线平行于给定直线，那就是一条新公理。关于这一条著名的平行公理争论了好几百年，它也称为欧几里得公理，因为它是欧几里得作为一个公设提出的。

我想向你们介绍一下这个公理的历史。多少年来，人们尽最大努力企图证明这个公理，即证明它是其他公理的推论，但都失败了。当然即使到今天，有人还没有完全放弃这种企图。因为，尽管科学进展到现在，总会有人自以为是，对经过严格研究而得出的确凿结果一无所知。事实是：数学的进展早已超越这些徒劳无益的企图而进入了有成效的新的研究，并取得了积极的成果。早在 18 世纪，就有人提出过以下典型问题，暗示着有一条新的路子：如果把平行公理放到一边，是否可能建立一个没有矛盾、逻辑上协调一致的几何系统，允许两条不同的极限直线在上面所讨论的意义上存在，即过点 O 允许作 g 的两条不同平行线。

到 19 世纪初，这个问题已得到确定的回答。高斯第一个发现了"非欧几何"的存在，非欧几何就是他对这种几何体系的命名。从他死后发表的论文中可以看出，他在 1816 年肯定已了解了这一点。不过他的研究笔记很久以后才被发现，直到 1900 年他的选集的第 8 卷才付印。① 高斯本人除了偶然提及外，对这个伟大的发现未曾发表什么见解。法学家施韦卡特（Schweikart）也在 1818 年左右独立于高斯创立了非欧几何学，他称之为星球几何学，但同样未发表结果，这是从后来被发现的一封给高斯的信中得知的。最初发表非欧几何的人是俄国的罗巴切夫斯基（Lobatschefsky，1828 年）和匈牙利的 J. 鲍耶（J. Bolyai，1832 年），他们彼此独立地得到了这些结果，并分

---

① 莱比锡，1900 年。所涉及的那一部分是 P. 施塔克尔（P. Stäckel）编的。

别于 1826 年和 1823 年给出了证明。[①] 在 19 世纪,通过大量的论文,科学家们已普遍掌握了这些结果。今天,每一个有文化的人都已听说过非欧几何,尽管只有专家才有清楚的了解。

在 19 世纪下半叶的初期,黎曼对这些问题提出了一个全新的方向。1854 年,黎曼在他的住处以《论作为何学基础的假设》("Über die Hypothesen welche der Geometrie zugrunde liegen")为题发表的演说[②]中指出,前人的一切研究,都以直线是无限长的假设为基础。这当然是十分自然和明显的。但他问:如果我们取消这个假设,即我们允许直线像地球上的大圆一样返回到自身,那又是什么样的情况呢?我们就会面临空间的无穷性与无边界性之间的差别。这一点,或许可以在二维空间中很好地看到。球的表面和普通平面都没有边界,只是后者是无穷的,而前者是在有限范围内的。黎曼事实上假设空间仅仅是无边界而不是无穷的。于是,有许多点位于其上的直线,会像一个圆一样,是一条封闭曲线。如果我们令一点 P 像前面一样在一条直线 g 上按一确定方向越移越远,它最终将回到其原来的位置。前面讨论的射线 OP 将不会有一个极限位置,同时不会有过点 O 平行于 g 的直线。因此,与高斯等人的非欧几何相比,出现了属于黎曼的第二类非欧几何。

初看之下,这似乎是怪论,但数学家们立即注意到两种非欧几何

---

① 由恩格尔(Engel)和施塔克尔两人译成德文,发表于 *Urkunden zur Geschichte der nichteuklidischen Geometrie* 一书中。该书第一部分(关于罗巴切夫斯基)由恩格尔译(莱比锡,1898 年);第二部分(关于鲍耶)由施塔克尔译(莱比锡,1913 年)。还可参阅斯塔克尔和恩格尔著 *Urkundensammlung zur Vorgeschichte der nichteuklidischen Geometrie*,莱比锡,1895 年。

② 发表于 *Abhandlungen der Gesellschaft der Wissenschaften zu Göttingen* 第 13 卷,或参阅其《数学全集》,第二版(莱比锡,1892 年),第 272 页及以后部分(第三版由柏林施普林格出版社于 1923 年出版,H. 外尔[H. Weyl]译)。

与普通的二次方程理论的关系,也指出了理解这个问题的方法。确实,一个二次方程,或有两个不同的实根,或没有实根(两个虚根),或作为一个过渡情形,一个实根为二重根。这完全和高斯的两条不同的平行线,黎曼的不存在平行线,以及介乎两者之间的过渡情况——一条平行线作为欧氏几何中同样的极限位置而计算两次的情况相类似。

在我比较仔细地讨论非欧几何之前,我至少要简单地讲一下它的极大的哲学意义,正因为如此,它始终引起哲学家的巨大兴趣,但也往往遭到他们的断然否定。

首先,这个新的分支为从纯逻辑观点去看几何公理的性质铺平了道路。由于非欧几何的存在,我们立即能得出结论:欧氏公理不是先验的基本概念和定理的推导的结果,我们也没有接受它的任何逻辑必然性。因为如果我们保留所有其他的公理,但用一个相反的假设去代替这条公理,我们并不会导致矛盾;相反,我们可以得出像欧氏几何一样正确的逻辑结构——非欧几何。诸如平行公理所描述的我们的空间图形感觉,当然不是一种纯逻辑的必然。

这样,问题就是:我们是否能借助于诸如感性知觉来断定平行公理的正确性。对于这一点,非欧几何也作了明确的阐述。确实,感性知觉当然不会告诉我们只存在一条平行线,因为我们的空间知觉肯定不是绝对准确的。像在其他每一个感性知觉范围中一样,这里我们也不能分辨差别在某一限度以下的,即所谓知觉阈以外的度量(线段、角度等)。例如,如果我们从点 O 画出彼此十分靠近的两条直线(图 21.21),使它们的交角充分小,例如 $1''$ 或 $0.001''$,甚至更小,我们肯定不再能区分它们。因此,通过感性知觉很难断定,是否真的只存在一条过点 O 的 g 的平行线,抑或存在两条相互分离角度十分小的平行线。如果我们设想点 O 离 g 十分远,例如远至天狼星或更远百

图 21.21

万倍,我们就能更清晰地意识到这一点。在这样的距离下,感性知觉就完全失去了我们所期望的敏锐性,我们肯定不再能凭视觉来断定,旋转射线的极限位置是提供了一条还是两条平行于给定直线 g 的直线。

　　这种情况实际上既与欧氏几何一致,又与前一类非欧几何一致。我们接着就要看到,当我们深入考察数学公式时,发觉其中总包含着一个任意的常数。通过对此常数的适当选择,只要 O 到 g 的距离适当远,就可使两条平行于 g 的直线的交角任意小;仅当 O 到 g 的距离十分大时,这个角才大到可以分辨的程度。鉴于我们的空间直觉只适应于有限的空间部分,因此只能在有限的精确度以内,它才能明显地被前一类非欧几何如我们所希望那么近似地满足。

　　对于黎曼非欧几何来说,情况也类似。只是必须理解,直线的无限长度是不能从我们的感性知觉中推导出来的。我们只能在有限的空间内跟踪一直线,因而如果我们说此直线有非常大的但毕竟是有限大的长度,哪怕是比到天狼星的距离大百万倍以上,这也是与我们的空间经验不相矛盾的。想象力可以造出超过任何直接知觉可能性的任意大的长度。根据这些考虑,我们可以借助黎曼非欧几何所希望的精度表示空间的任何有限部分的情况,因为这样的几何学也有一个任意常数。

　　这里所触及的逻辑事实与直觉事实,是从数学的立场看的,与许多哲学家归在康德名下的那种空间观念有很大的冲突,因为根据康德的空间观念,一切数学定理都必须有绝对的效果。非欧几何自从被介绍到哲学界以来吸引了如此多的关注并招致如此多的反对,其原因即在于此。

如果现在要我们去对非欧几何进行适当的数学解释的话，我们将尽可能选择通过射影几何来解释。这就是我在 1871 年《数学年刊》第 4 卷中所给出的推导。[①]

正如在本章开始讨论几何学基础时所简短提示的，我们把射影几何看作是从点、线、平面这几个基本概念，以及从连接性公理、顺序公理及连续性公理发展起来的，与一切度量无关。特别是，我们引入点坐标 x, y, z 或齐次坐标 ξ, η, ζ, τ 和平面坐标 $\alpha, \beta, \gamma, \delta$，使得点和平面的相互一致性由双线性方程

$$\alpha\xi + \beta\eta + \gamma\zeta + \delta\tau = 0$$

给出。

在此基础上，借助于凯莱原理和不变量理论，并引入用平面坐标写成

$$\Phi_0 = \alpha^2 + \beta^2 + \gamma^2$$

的特殊二次型（令其等于零即表示虚球面圆），我们已经建立起普通的欧氏几何。如我们已指出的，两平面间的角

$$\omega = \arccos \frac{\alpha_1\alpha_2 + \beta_1\beta_2 + \gamma_1\gamma_2}{\sqrt{\alpha_1^2 + \beta_1^2 + \gamma_1^2}\sqrt{\alpha_2^2 + \beta_2^2 + \gamma_2^2}}$$

和两点间的距离

$$r = \frac{\sqrt{(\xi_1\tau_2 - \tau_1\xi_2)^2 + (\eta_1\tau_2 - \tau_1\eta_2)^2 + (\zeta_1\tau_2 - \tau_1\zeta_2)^2}}{\tau_1\tau_2}$$

同时是所给出图形（两平面或两点）和二次型 Φ_0 的简单的不变量。

我们打算用同样的方法建立非欧几何。我们用另一个"接近"虚球面圆 $\alpha^2 + \beta^2 + \gamma^2 = 0$ 的二次型，即

[①] "Über die sogenannte nichteuklidische Geometrie"，第 573 页及以后部分，或参阅《数学著作集》第 1 卷第 254 页及以后部分。

$$\Phi = \alpha^2 + \beta^2 + \gamma^2 - \varepsilon \cdot \delta^2$$

来代替前者,其中 ε 是我们可以选择的任意小的参数,且当 $\varepsilon=0$ 时,有 $\Phi=\Phi_0$。我们的二次型是这样选择的:从正 ε 得到第一类非欧几何,从负 ε 得到黎曼几何,而从 $\varepsilon=0$ 则得到普通欧氏几何的公式。作出这个型的关键在于:其行列式

$$\Delta = \begin{vmatrix} 1 & 0 & 0 & 0 \\ 0 & 1 & 0 & 0 \\ 0 & 0 & 1 & 0 \\ 0 & 0 & 0 & -\varepsilon \end{vmatrix} = -\varepsilon$$

一般不为零。仅当特殊情况 $\varepsilon=0$ 时,即当 $\Phi=0$ 代表虚球面圆时,此行列式才等于零。于是,我们的假设归结为:用一个行列式为正数或负数,但其绝对值可任意小的二次型,取代行列式等于零的二次型。

我们从一般的二次型 Φ 和两平面或两点组成的图形建立起不变量,这些不变量完全类似于欧氏几何中表示特殊型 $\Phi_0=\alpha^2+\beta^2+\gamma^2$ 的不变量,以求得非欧几何的度量系统的定义。这只不过是凯莱于 1859 年发展的概念[1]:"人们同样可以把虚球面圆完全看作是任意二次曲面(例如曲面 $\Phi=0$),定义出一套度量系统。"由于篇幅有限,权且事先建立解析公式。这样就可用精确的形式最快地概述其内容,避免任何神秘的色彩。当然,只有以后从几何方面去仔细研究,就像我在上述《数学年刊》第 4 卷的文章中所做的那样,才能由这个说明进而达到对内容的完全理解。

我们首先考虑两个平面。把前面的交角表达式推广,很自然地建立两平面之间相对于曲面 $\Phi=0$ 的交角的表达式。正和前面一样,我们从二次型 Φ 和它的极型的值,建立公式

---

[1]　见前面已经引过的《关于四元数的第六篇专论》一文,见上一章 20.1。

$$\omega = \arccos \frac{\alpha_1\alpha_2 + \beta_1\beta_2 + \gamma_1\gamma_2 - \varepsilon\delta_1\delta_2}{\sqrt{\alpha_1^2 + \beta_1^2 + \gamma_1^2 - \varepsilon\delta_1^2}\sqrt{\alpha_2^2 + \beta_2^2 + \gamma_2^2 - \varepsilon\delta_2^2}}。$$

用这个方法得到一个表达式，它显然是不变量，且 $\varepsilon = 0$ 时即为欧氏几何的交角公式。

把两点间距离的表达式转换到非欧度量系统，就不是那么直截了当。困难在于，现在有一个行列式不为零的二次型代替了行列式为零的二次型 Φ（欧氏度量系统的特征）。但是，如果我们用严格的对偶方式得出交角的定义，我们就能发现怎样去建立距离的表达式。这样，我们就一定能得到一个不变量。首先，我们建立点坐标的曲面方程 $\Phi = 0$。前面讲过，用点坐标对 Φ 的行列式 Δ 加边，我们得它的左侧 $f(\xi, \eta, \zeta, \tau)$

$$f = \begin{vmatrix} 1 & 0 & 0 & 0 & \xi \\ 0 & 1 & 0 & 0 & \eta \\ 0 & 0 & 1 & 0 & \zeta \\ 0 & 0 & 0 & -\varepsilon & \tau \\ \xi & \eta & \zeta & \tau & 0 \end{vmatrix} = \varepsilon(\xi^2 + \eta^2 + \zeta^2) - \tau^2。$$

现在写出 f 的极形式，除以 f 在点 1 和点 2 之值的平方根的积，然后取余弦，把 ω 的表达式转变为

$$r = k \arccos \frac{\varepsilon(\xi_1\xi_2 + \eta_1\eta_2 + \zeta_1\zeta_2) - \tau_1\tau_2}{\sqrt{\varepsilon(\xi_1^2 + \eta_1^2 + \zeta_1^2) - \tau_1^2} \cdot \sqrt{\varepsilon(\xi_2^2 + \eta_2^2 + \zeta_2^2) - \tau_2^2}}。$$

在此插入因子 k，以便使我们能按习惯做法那样选择任意线段为单位长。而且，当我们转回到欧氏几何上时，这也是必要的。我们必须设想，当 ε 是负数时 k 是实的，当 ε 是正数时 k 是纯虚数，以便使得对于所有实点，或至少在所有实点的某个子区域内（当 $\varepsilon > 0$ 时），r

都是实数,从而为非欧几何给出实的基础。

我们现在已得到距离的一般定义。剩下只需证明,当 $\varepsilon=0$ 时,得出欧氏几何中通常的表达式。这不像对角 ω 所作的那样容易。因为如果令 $\varepsilon=0$,则其商即为 1,而 $\dfrac{r}{k}$ 等于零或任意 2π 倍数。尽管有这样一个奇怪结果,我们还是可以通过某种办法最终求得欧氏表达式。方便的办法是:通过关系 $\arccos \alpha = \arcsin \sqrt{1-\alpha^2}$,把定义 r 的方程改变。消去一个公分母之后,我们得到 r 的值为

$$k \arcsin \sqrt{\frac{[\varepsilon(\xi_1^2+\eta_1^2+\zeta_1^2)-\tau_1^2][\varepsilon(\xi_2^2+\eta_2^2+\zeta_2^2)-\tau_2^2]-[\varepsilon(\xi_1\xi_2+\eta_1\eta_2+\zeta_1\zeta_2)-\tau_1\tau_2]}{[\varepsilon(\xi_1^2+\eta_1^2+\zeta_1^2)-\tau_1^2][\varepsilon(\xi_2^2+\eta_2^2+\zeta_2^2)-\tau_2^2]}}$$

我们现在可以很容易地改变分母。事实上,可使用已知的行列式关系证明,f 在点 1 的值(即二次型 $\varPhi$ 的被加了一次边的行列式 Δ)乘以在点 2 的同样行列式,减去对点 1 与点 2 取的极形式,等于行列式 Δ 与将它用点 1 与 2 的坐标加边两次所得的行列式之积,即等于积

$$
\begin{vmatrix}
1 & 0 & 0 & 0 \\
0 & 1 & 0 & 0 \\
0 & 0 & 1 & 0 \\
0 & 0 & 0 & -\varepsilon
\end{vmatrix}
\cdot
\begin{vmatrix}
1 & 0 & 0 & 0 & \xi_1 & \xi_2 \\
0 & 1 & 0 & 0 & \eta_1 & \eta_2 \\
0 & 0 & 1 & 0 & \zeta_1 & \zeta_2 \\
0 & 0 & 0 & -\varepsilon & \tau_1 & \tau_2 \\
\xi_1 & \eta_1 & \zeta_1 & \tau_1 & 0 & 0 \\
\xi_2 & \eta_2 & \zeta_2 & \tau_2 & 0 & 0
\end{vmatrix}
$$

完成这个乘法后,可得

$$-\varepsilon \cdot \{(\xi_1\tau_2-\xi_2\tau_1)^2+(\eta_1\tau_2-\eta_2\tau_1)^2+(\zeta_1\tau_2-\zeta_2\tau_1)^2$$
$$-\varepsilon(\eta_1\zeta_2-\eta_2\zeta_1)^2-\varepsilon(\zeta_1\xi_2-\zeta_2\xi_1)^2-\varepsilon(\xi_1\eta_2-\xi_2\eta_1)^2\}$$

任何一个不熟悉行列式计算技巧的人都可以用直接变换证明,这个

表达式恒等于前面 r 的表达式的分子。如果将此式子插入 r 的公式，并令 $\varepsilon=0$，由于因子 $\sqrt{-\varepsilon}$，当然得到和第一个形式一样的结果

$$\frac{r}{k}=\arcsin 0=0。$$

但如果我们不允许 $\varepsilon=0$，只使它变得非常小，作为一级近似，arcsin 将等于 sin。在分子中可以忽略各乘以 ε 的 3 个平方项，而在分母中可以忽略乘以 ε 的项。作为一级近似，剩下了

$$r=k\cdot\sqrt{-\varepsilon}\frac{\sqrt{(\xi_1\tau_2-\xi_2\tau_1)^2+(\eta_1\tau_2-\eta_2\tau_1)^2+(\zeta_1\tau_2-\zeta_2\tau_1)^2}}{\tau_1\tau_2}。$$

我们现在已找到了前面说过的方法。在过渡到极限 $\varepsilon\to0$ 的过程中，我们对 k 不指定一个固定值，而是使其变成无穷大，并使 $\lim(k\cdot\sqrt{-\varepsilon})=1$。为此，当然必须根据 ε 趋向零时是取正值或负值而分别使 k 取纯虚数或实数。但在这个过渡到极限的过程中，显然可取得欧氏几何的距离表达式。

　　按照我们的方式去考虑二次型 f 的几何意义以及这里的解析表达式的意义，就可以得出结论：实际上，$\varepsilon>0$ 是第一类非欧几何的情况，$\varepsilon<0$ 是第二类非欧几何的情况，而 $\varepsilon=0$ 当然是欧氏几何的情况。这里不能给出全部论据，为此必须请你们参考我在《数学年刊》第 4 卷中的文章[1]。那个时候，我曾建议把这 3 类几何定名为双曲形、椭圆形和抛物形，因为两条实、两条虚或两条重合的平行线的存在，恰好对应于 3 种圆锥曲线的渐近线的情况，以后你们会在文献中经常看到这些名称。

　　我将用例子详细说明，从距离的表达式中会得出怎样的平行线

---

　　[1]　又需注意我写的"Einführung in die nichteuklidische Geometrie"，这是我的非欧几何讲义油印本的修订本，即将出版（W. 罗泽曼［W. Rosemann］编）。

定理。为此在平面上选择双曲型几何的例子。于是必须令第三个坐标等于零。我们的二次型变成 $\Phi=\alpha^2+\beta^2-\varepsilon\delta^2$,当它等于零时代表一条实圆锥曲线,且因 $\varepsilon>0$,我们可以设想它为一个椭圆。距离公式取形式

$$r=k\ \mathrm{arccos}\ \frac{\varepsilon(\xi_1\xi_2+\eta_1\eta_2)-\tau_1\tau_2}{\sqrt{\varepsilon(\xi_1^2+\eta_1^2)-\tau_1^2}\ \sqrt{\varepsilon(\xi_2^2+\eta_2^2)-\tau_2^2}},$$

其中 k 为纯虚数。不难理解,对于处在此圆锥曲线内部的点,这个公式取实数值,我们把内部的点理解为平面内的所有点,从这些点作不出圆锥曲线的实切线。因此,双曲型几何学的运算域完全由这些内

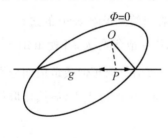

图 21.22

点和位于内部的直线组成。圆锥曲线上的点(图 21.22)本身表示无穷远域,因为由公式得到的点 1 到圆锥曲线上点 2(对它,$\varepsilon(\xi_2^2+\eta_2^2)-\tau_2^2=0$)的距离为 ∞。因此,在这个意义上,在双曲型几何中,每条直线上有两个无穷远点,即为它与圆锥曲线 $\Phi=0$ 的交点。但每条射线 a 只有一个无穷远点。如果有一条直线 g 和不在其上的一点 O,则按前面的定义,过 O 的平行线是连接点 O 与 g 上移向无穷远的点之连线的极限位置,而在这里就是连接点 O 与 g 和圆锥曲线交点的直线。于是,有两条本质不同的平行线,每一条附属于 g 的两个方向中的一个。

请再同上述欧氏几何第一个体系作一番比较。该体系从运动群出发,而运动群就是保持度量不改变的全部共线变换。在非欧几何中有类似的这种共线变换。一个一般的二次齐次方程有 10 项,故有 9 个本质常数。在最一般的空间共线变换中,共有 15 个任意参数,

故存在一个六重无穷的共线变换，它把给定的二次型（例如二次型
Φ）变成自身。确实，这是使我们导出的度量关系保持不变的条件。
因此，在每种非欧几何中也存在一个六重无穷的"运动"群，它保持 ω
和 r 不变。对于平面上的情况，参数会像以前一样减为 3 个。

因此，我们也能从一个运动群的存在出发来发展每种非欧几何。
余下只需指出，较早的体系怎样会单单导出欧氏几何。当然，其理由
在于：我们从运动中选出了特殊的所谓平行移动的两参数（在空间中
是 3 个参数）子群，它的轨线都是直线。在任何非欧几何中没有这样
的子群，又因我们一开始就假设它们是存在的，所以就永远不可能导
出非欧几何，而只能导出欧氏几何。

最后，让我提出若干建议，以结束对非欧几何的专题讨论。

1. 我上面已经讲过，在哲学界，以往非欧几何经常不能得到充
分的理解。但另一方面，我必须强调的是，今天它已被数学科学广
泛承认。事实上，它有许多用途，例如在现代函数论和群论中，它
已被当作十分方便的手段，使算术上复杂的种种关系变得一目
了然。

2. 每一个教师当然都应该懂点非欧几何，它已经是被广泛谈论
的少数几个数学部分之一，至少有的人常常把它挂在嘴边。所以，任
何教师都会随时随地被问到这方面的问题。在物理学上，像这样人
人挂在嘴边的问题当然更多，每一个教师不可不知。事实上，物理学
上几乎每一项发明都属于教师应知的范围。身为物理教师，却说不
上什么叫伦琴射线，什么叫镭，这是能够想象的吗？一个回答不了非
欧几何问题的数学教师，也不会给人很好的印象。

3. 另一方面，我又着重建议，不可像某些热心人始终建议的那
样，把非欧几何引入正规的中学课程（除非感兴趣的学生问到的时候
偶尔作一些提示）。只要遵照上述建议，让学生真正学会欧氏几何，

我们也应该心满意足了。不过无论如何,教师总应该比一般学生多知道一些。

我想再简单地讨论一下非欧几何所引起的现代数学的进一步发展。非欧几何的一个结果,即欧氏平行公理在逻辑上是独立于其他公理的,已经带来了一个良好的开端。它推动了对其他几何公理之间的逻辑依赖性或独立性的研究。由此产生了现代几何公理理论,紧紧地遵循旧的研究已开辟的道路,确定了哪些几何部分可以不用某些公理而建立起来,也确定了是否可以通过与给定公理相反的假设而获得一个没有矛盾的体系,即所谓"拟几何学"。

这一方面最重要的著作,是希尔伯特的《几何基础》[①]。与以往的研究相比,这本书的主要目的是以上述方式确定连续性公理的意义。这当然首先要重新安排几何公理系统,使得一直放在开头的连续性公理在结尾出现。例如,在我们的非欧几何体系中,不能利用把平行概念放在开头的关于公理的第一种安排。相反,我们不得不另外建立一套公理系统,使大部分讨论不涉及平行性,而将平行公理加在最后。希尔伯特公理系统把上述重大的不同丢在一边,主要与我们讲的初等几何的第二种发展相一致。

在这个意义上可以说,希尔伯特对不用连续性公理可以把几何学发展到什么程度进行了探讨。他的讨论也把"拟几何学"包括在内,其中除了连续性公理外,所有其他几何公理都有效。这种几何本质上是直线上的点和普通实数(点的坐标)——对应(见本章开头部分及第一节)。当然,我不可能详细介绍希尔伯特的研究思路,以及他所得到的,关于某些几何定理与公理之间逻辑联系的有趣的结果。我只作这点解释,关于上述一切,请你们去读希尔伯特的原著。但我

[①]　第五版,莱比锡和柏林,1922 年。

要提醒的是,我们在上卷中讨论过的内容就是他的非阿基米德几何①。而他的非阿基米德几何实际上是这样的一种拟几何学,原来以阿基米德命名而现在常常附上欧多克索斯(约公元前 350 年)名字的连续性公理不再成立,即两个不同点的横坐标可以只相差一个"真正无穷小的量",它的任何有限倍数都不能等于一个普通的有限实数。

对现代公理理论就简单地谈这些,但在结束之前,我还要讲讲几何公理和定理的本质。当然,这将使我脱离数学的严格范围而进入哲学和认识论的领域。我已经强调过今天绝大多数人在理性上所持有的一致观点,即这里所涉及的是一些主导的概念和公理,必须放在几何学的前面,以便按纯粹的逻辑从中推导出数学证明。但这种一致观点并没有回答关于这些主导概念和公理的真正本质问题。老的观点是,它们是每个人的知觉的所有物,明显而简单,没有人会对它们提出疑问。但这个观点在很大程度上已被非欧几何的发现而动摇,因为非欧几何已明确表示,空间的直观与逻辑绝不会强行导出欧氏几何(见本节开头部分)。相反,我们看到,在与平行公理相矛盾的假设下,我们得到一个以任意近似程度代表实际知觉关系的、逻辑上封闭的几何体系。不妨说,平行公理是空间关系的最简单的一种表示,它也不过是一种假设。一般来说,基本概念与公理并非知觉的事实,而是对这些事实进行适当选择并加以理想化的结果。例如,一个点的精确概念在我们直接的知觉中是不存在的,它只是想象的极限,是一小块不断收缩的空间在我们心灵上的反映,我们可以逼近它,但又永远不能达到它。

与此相对照,在仅对事物的逻辑感兴趣而对直观或认识论不感

① 见第一卷"分析"部分,第九章 9.1。

兴趣的人中间,又常常有另一种观点,认为公理是我们任意提出的说法,而基本概念同样是我们希望用来进行运算的任意符号。当然这种观点有些道理,因为在纯逻辑的内部,没有这种公理与概念的位置,因此必定从其他的源泉,即通过直觉的影响,得到依据或假设。但许多作者过于片面地强调了自己的观点,以致近年来,在现代公理理论方面,我们常常发现自己被误引到了"唯名论"哲学的方向上。唯名论哲学完全丧失了对事物本身以及其性质的兴趣,所讨论的是事物的命名方式及人们使用名称所依据的逻辑。例如说,我们称 3 个坐标的集为一点,并"没有想到任何特定的物体"。而只要某些说法对这些点是成立的,我们就"任意地"提出公理。在这类讨论中,我们可任意地、不加限制地建立公理,只要满足逻辑规律,在公理的完整结构中没有矛盾出现就行了。我不能同意这种观点。我认为这是一切科学的死路。按我的思想方法,几何公理不是任意的,而是可以感觉到的,一般来说,是空间直觉的反映,其精确内容随宜而定。

前面我不断插入一些哲学观点,下面我想补充说明一下几何学的历史,特别是对几何学基础的看法的变迁。与上卷中所说的代数、算术及分析的历史对比,我们一开始就注意到了几何与它们有很大的区别。上述学科发展到现代的形式,实际上只有几百年的历史。取个约数的话,这部历史大约起自 1500 年,人们自此开始用十进位小数和字母进行计算。但几何学早就是一门独立的学科,其历史可追溯到古希腊时代。它在古希腊时代就已达到很高的发展阶段,以致长期以来,几乎到今天,人们仍把希腊几何奉为一门完整的科学的典范。同时,著名的欧几里得《几何原本》—— 一部现存的最重要的系统教科书,又一向被看作希腊数学的全部。确实,在有关科学领域内,很难有别的一本书,能在这样长的时间里保持这样的地位。即使今天,每个数学家还必须使用欧几里得术语。

21.3 欧几里得的《几何原本》

我首先向你们介绍哥本哈根市 J. L. 海贝尔整理的欧氏几何版本[①],从考据学观点来看,这个版本是最好的,其中加上了与希腊文原文对照的拉丁文译文,对于没有学过希腊文的人也很有帮助。确实,欧几里得的希腊文同我们学校里教的希腊文有很大的不同,特别是在术语方面。至于作为欧氏几何入门的文献,我想介绍措伊滕(Zeuthen)的《古代与中世纪数学史》(*Geschichte der Mathematik im Altertum und Mittelalter*)[②]和马克斯·西蒙的《欧几里得和 6 卷关于平面的著作》(*Euklid und die 6 planimetrischen Bücher*)[③]。如果先读西蒙的书,再读措伊滕更一般化的讨论,最后读海贝尔的版本,你们就会找到入门的途径,不过对海贝尔版本应当想尽一切方法仔细阅读,并对译文持批判怀疑的态度。

对于欧几里得的生平,我们知之甚少,只知道他曾于公元前 300 年左右生活于亚历山大。但是关于当时亚历山大的一般科学活动,我们是有资料的。在亚历山大帝国建立之后,慢慢产生了把过去几个世纪中所创造的一切加以收集并整理成一个统一的科学体系的需要,因而在亚历山大形成了一种教学体系,相当于我们今天的大学教学的某些阶段。但是当时收集与整理手头资料的地位要高于科学研

---

① *Euclid's Opera Omnia*,Ⅰ—Ⅴ册,*Elementa*,莱比锡,1883—1888 年。

② 哥本哈根,1896 年,措伊滕。

③ 莱比锡,1901 年,也可看 *Abhandlungen zur Geschichte der mathematischen Wissenschaften*,Ⅺ。还可参考 T. L. 希思(T. L. Heath)根据海贝尔版本译成英文的欧几里得《几何原本》13 本及注释,3 卷本,剑桥,1908 年。

究自由向前发展的地位，因而在整个活动中表现出了学究式的倾向。

在详细讨论《几何原本》之前，让我先对欧几里得或不如干脆说对他的《几何原本》的历史地位或科学意义说几句一般性的评论。尽管要完全了解欧几里得，就要考虑他的为数众多的次要作品，不过我认为在这里只讨论他那部伟大的作品也就够了，因为单单那一部作品就已经取得了杰出的支配地位，而从我们的立场来看，这正是迫切需要讨论的。

我要指出，之所以需要做这番评论，是因为对欧几里得《几何原本》的不正确评价的潜在原因，是对长期以来广为流传、至今仍深入人心的希腊精神的盲目崇拜。通常认为，希腊文化仅限于相对不多的几个领域内，但在这些领域内精雕细刻所取得的成就，始终是可望而不可即的最高典范。不过现代考据学早已证明这个观点是站不住脚的。考据学告诉我们，希腊人曾孜孜不倦地涉足于一切人类文化领域而不是少数领域，其尽可能表现出的多才多艺，是没有一个民族能相比的。对于他们那个时代来说，他们在每一个领域中的成就确实是值得钦佩的，但是在很多事情上确实也没有超越我们今天认为是最初步的水平。可以说，没有一个领域已达到古今人类成就的最高峰。

特别就数学来说，这种对古希腊的过高估计（或许我应说估计不足），表现在武断地说古希腊人对几何学十分注意，已建立了一个不能超越的体系。这种信念尤其造成了对欧几里得《几何原本》的盲目崇拜，居然声称这样一种体系已完全实现。与这种陈腐的信念相反，我愿断言，虽然古希腊人不仅在几何学方面，而且在各个数学领域进行了卓有成效的研究，但我们今天在每个领域，当然也包括几何学领域在内，已经超过了他们。

下面我要详细讨论这个结论，并竭力证明此言非虚。在写《几何原本》时，欧几里得的目的绝不是想编一本集当时几何知识大成的百科全书,否则他不会把当时肯定已了解的一些几何部分完全忽略。我只要提到古希腊人已开始进行广泛研究的圆锥曲线和高次曲线理论①就可以了,尽管这种理论到了阿波罗尼奥斯(Apollonius,公元前200年左右)手里才得到充分的发展。而且,《几何原本》只不过是准备对几何学因而也是对数学本身给出一个导论。因此,它看来是为特定的目的而写,只准备讲解柏拉图学派认为必要的数学内容,以便作为一般哲学研究的预备知识。记住了这一点,我们就明白了把重点放在阐明逻辑联系,把几何学当作一个封闭体系来对待,而把一切实际应用抛到一边的原因。为了有利于这个体系,他当然也把当时还没有充分发展、不符合他需要的整整一部分理论知识放过了。

如果与在欧几里得稍后不久生活于公元前250年左右叙拉古的希腊最著名数学家阿基米德的个性与成就来对比,我们就可以对欧几里得《几何原本》的内容与当时希腊数学整体相比的局限性得到一个正确的印象。我只提几个特别有趣和突出的事实。

1. 阿基米德对数值计算表现了强烈的探讨兴趣,这与欧几里得《几何原本》里的主导精神形成了鲜明的对比。事实上,阿基米德的最大功绩之一,就是用逼近圆的正多边形计算了 π。此外,他推导出了 π 的近似值为 $\frac{22}{7}$。我只提这一个确定的例子就足以说明了问题。而欧几里得对这样的数值却没有表现出一丝兴趣。相反,我们在欧几里得几何中只见提到两个圆相互依赖于它们的半径的平方或两个圆周相互依赖于各自的半径,而对于比例因数 π,却连计算的尝试都没有。

① 欧几里得本人也写过圆锥曲线的文章,但没有保留下来。

2. 阿基米德的特点是对应用的广泛兴趣。众所周知,他发现了流体静力学的原理,并且制造出一些有效的机器,以此积极地参加了叙拉古的保卫战。相反,我们从欧几里得一次也没有提到最简单的绘图仪器——圆规和直尺这个事实,显然可以看出他对应用的关注实在是少。他只是抽象地假设过,通过两点可作一条直线或围绕一点可作一个圆,而对如何去做,却只字未提。在这种地方,欧几里得无疑是受了某些古代哲学学派的统治思想的影响,以为某门学科的实际应用是等而下之的,是鄙夫之所为。遗憾的是,这种观点今天在很多地方仍占上风,始终有一些大学教师对应用不屑一顾,视之为有伤大雅。对这种傲慢的观点应该予以痛击。每一项值得钦佩的成就,无论是在理论方面或是在实用方面,我们都应当予以同样高的评价。我们应当让每一个人从事他最倾心的工作。这样,任何一个人都会表现得更多才多艺,把他掌握的才能更多地发挥出来。像阿基米德、牛顿、高斯这些最著名的数学家,总是把理论和应用一致包括在研究范围内。

3. 最后,另一个差别更应引起注意。阿基米德是伟大的研究者和开拓者,他的每一部著作都推动了知识的进步。但是欧几里得《几何原本》所关心的,只是收集手头已经掌握的知识并使之系统化。这就是表述方式不同的原因,去年那一学期我谈到数学的一般结构时曾提请你们注意。[①] 在这一方面,1906 年发现的阿基米德的一份手稿[②],是特别具有代表意义的。在这份手稿中,他向一个从事科学研究的朋友透露了他最近对空间图形体积的研究。他的表述非常像我

---

① 见第一卷第一部分附录"关于数学的现代发展及一般结构"。

② 见海贝尔及措伊滕的 *Eine neue Schrift des Archimedes*,莱比锡,1907 年,收于《数学丛书》第 3 辑第 7 卷,第 321 页及以后部分。还可参考 T. L. 希思整理的阿基米德著作版本,由我译成了德文(柏林,1914 年);那里附有手迹,见第 413 页及以后各页。

们今天的教学方法。他用演绎法一步步前进，先提示思路，绝不使用欧几里得《几何原本》中假设、证明、结论那种僵硬的排列。此外，在这个新发现之前人们已经了解，古希腊人对系统化课程除了使用"欧几里得式"的这种固定化的表述外，还使用一种自由的演绎方式，当时不仅研究者使用，教师在教学上也使用这种方法。或许欧几里得在其他著作以及教学中也使用过这种方法。事实上，那时在亚历山大有过一些类似于我们今天的油印讲义那样的东西，称为"hypom-nemata"，即散页的口头表述内容的笔录。

这已足以成为《几何原本》与当时希腊数学全部范围的对比。作为上述讨论的结论，我将通过几个简单的例子来说明，现代数学超越希腊之处已有多远。重要的差别之一是：古希腊人没有形成独立的计算或分析学科，既没有便于数值计算的十进制小数，也不会一般地使用计算字母。正如我在去年冬天讲座中所说的，这两者都是近代文艺复兴时期的发明。因此，古希腊人只好用几何形式的运算，用线段或其他几何量的作图运算来代替数字运算，比我们的算术运算麻烦得多。此外，古希腊人也没有负数和虚数，而负数与虚数实际上为我们的算术运算和分析提供了方便的工具。因而古希腊人缺少能把一切可能情况包括在一个公式中的一般化方法。对各种情况的令人望而生厌的细分碎辨，对他们具有重要的作用。这种缺陷在几何学中往往十分明显，而今天借助于分析的工具，正如我们在这些讲座中实际所做的那样，我们能轻而易举地达到高度的一般化，不用区分种种个别情况。指出这几点已足以说明问题，你们可以根据自身的知识，再提出其他许多例子，以说明现代数学超越于希腊数学之处。

在对欧几里得《几何原本》作了这个一般性评论之后，我们现在可以转向具体的讨论。让我先简单地讲一讲《几何原本》13 卷即十三章的内容①。

第 1 卷至第 6 卷讲的是平面几何。前 4 卷包含关于线段、角、面积之类基本几何形状的一般讨论和关于最简单的几何图形(三角形、平行四边形、圆、正多边形等)的理论,讲法和今天相同。与此相联系,第 2 卷给出了几何量的初等算术运算与代数运算,例如两个线段 a,b 之积 $a \cdot b$ 用一个矩形来表示。如果我们今天希望把乘积 $a \cdot b$ 与 $c \cdot d$ 加起来,我们就可以用算术方法立刻算出来,但那时为了再用一个矩形来表示乘积,必须把两个矩形 $a \cdot b$ 和 $c \cdot d$ 变成等底的两个矩形。

第 5 卷大大深入了一步,引入了一般正实数的几何等价量,这就是欧几里得称之为"理性的"(λόγος)任意两个线段 a,b 之比 $\frac{a}{b}$。"理性的"这个词是怎么来的,我在上一学期对无理数进行一般讨论时已经提到过(见第一卷第二章)。这个发展的关键是两个比 $\frac{a}{b}$ 与 $\frac{c}{d}$ 相等的定义。这个定义必须具有绝对的一般性,因而当 $\frac{a}{b}$ 是我们所指的无理数时,即当线段 a 和 b 是不对称(欧几里得的说法)时,也应保持。欧几里得的这个所谓不对称,也就是没有公测度,后来就译成"不可通约"。欧几里得的作法如下:他取任两整数 m 和 n,并分别比较 $m \cdot a, n \cdot b$ 和 $m \cdot c, n \cdot d$ 的长度,从而在 3 个关系

$$m \cdot a \gtreqless n \cdot b \quad 或 \quad m \cdot c \gtreqless n \cdot d$$

中,必有一个成立。若对任意值 m,n,在两种情况下总是给出同样的

---

① 也有第 14 卷与第 15 卷一说(海贝尔版本,第 5 卷),但这两卷非欧氏所作。第 14 卷更可能是海珀西克斯(Hypsikles)的手笔;第 15 卷出自达玛修斯(Damaskios)之手。

符号,则称$\frac{a}{b}=\frac{c}{d}$。这与戴德金引入无理数时所采取的著名的分割过程完全一致。

现在欧几里得进一步考虑怎样计算这些比,并发展了他的著名的比例理论,即用以说明形如$\frac{a}{b}=\frac{c}{d}$之等式所有可能的代数变换的几何定理。欧几里得用"相似"这个词来表示比,他的意思是这两对量的"有理性"是相同的。你们看,"相似"这个词的最初意义和现在的差别有多大! 不过在数学中,这个词在某些地方还保持着古义。三角学中现在仍说"纳皮尔相似",因为必与某些比例有关。说实在的,现在看来没有几个人知道这个名称的真正意义。

比例理论是数学教学中仍然保持着欧几里得传统的一个典型例子。即使今天,许多学校(也许是大多数学校)仍把这个理论当作几何学中专门的一章来教。实质上,我们现代算术已经把它完全包括在内,因此在教这个理论之前已经教了两次—— 一次是在学习比例时;另一次是在用字母进行计算之初。为什么同一件事要教三次,而且要套上特别神秘的几何外衣呢? 实在令人费解。这样做对学生必然是很难以理解的。唯一的原因就是人们仍然抱着欧几里得的老的设想不放。但是过去欧几里得所抱的合理目的是用比例理论来代替他所缺乏的算术手段,对于我们就完全不必要了。

对于今天比例理论处理办法所进行的这个批评,当然并不是贬低欧几里得《几何原本》第5卷的科学意义。它的科学意义当然很伟大,因为其中第一次在精确的定义基础上给出了——用现代术语来讲——无理数计算的严格基础。我们在这里清楚地看到,欧几里得的《几何原本》无论过去还是现在,都绝非像有些人往往错误地认为的那样是一本中学教科书。相反,它是针对具有科学思考能力的成熟的读者的。

我必须提到一个传统的观点，认为这个第 5 卷不是欧几里得本人写的，真正作者是尼多斯的欧多克索斯。事实上，人们向来不把《几何原本》看作是一本统一的著作，而认为它是把旧有的各个不同部分编在一起的结果。

但不管真相如何，作者究竟是谁，有关的一切资料都如一团迷雾，极难肯定，因为无论是欧几里得或他的任何同代人都绝对没有留下历史注解之类。上述传统的观点出自普罗克洛（Proclus Diadochus），他是欧几里得作品的评论者，生活于公元 450 年左右，即比欧几里得晚 700 多年。尽管普罗克洛的论断因种种原因可能有一定的道理，但我们仍然难以承认它是绝对可靠的，就像今天有人宣布说，某一部编于 1200 年前后的作品，其作者为某某人，我们也无法置信一样。

《几何原本》接下去的第 6 卷的内容，是相似形的理论，所用主要工具为比例学说。

在第 7 卷、第 8 卷、第 9 卷中，部分地以几何形式讲解了整数的理论。我们在此发现，对于整数的比即有理数的计算，所用的理论是完全独立于第 5 卷所展开的理论的。尽管有理分数只是实数的特殊的一类，但一点也没有提到更一般的理论，因此很难相信这两个说法出自同一个作者。在这 3 卷中，我只提一下现在用于数论中的两点内容，其一是求两个整数 a 和 b 的最大公约数的欧几里得算法，欧几里得用线段来表示。用现代术语来表示，就是 a 除以 b，然后 b 除以余数，按下列算式 $a = m \cdot b + r_1, b = m_1 \cdot r_1 + r_2, r_1 = m_2 \cdot r_2 + r_3, \cdots$ 继续进行下去，在有限步之后，最终将除尽。最后一个余数就是所找的公约数。另一点是可以在欧几里得这 3 卷中找到存在无穷多个质数的著名的简单证明，我在去年冬天的讲座中已经讲过了（见第一卷

第三章:"关于整数的特殊性质")。

　　第 10 卷特别冗长,由于几何的表示形式而难以读懂,其中介绍了可以用平方根表示的无理数的几何分类,是以后在几何构造中要用到的内容。

　　直到第 11 卷才开始讲测体积学。你们可以看出,欧几里得也不是"融合派"。他尽量把测体积学和测面积学(平面几何)分开,而今天最好要像我们常常提到的那样"竭力融合",尽可能早一点发展整体空间概念,从而使学生一开始就习惯于三维空间图形,而不是人为地把学生初期教学束缚在平面几何的内容上。

　　第 12 卷中又出现了关于无理量的一般讨论,这对于求棱锥和其他物体的体积是必须了解的。这里,在所谓的"穷竭法"中,我们可以看到作者暗暗地应用了极限的概念,借以严格地推导了无理数之比。这个方法首先用于证明这样一个求平面面积的定理:两个圆面积的比等于半径平方的比。我正好用这个例子来简单解释一下这个方法的内在概念。任何圆可以用不断增加边数的 n 边内接或外切多边形来不断逼近。在多边形面积和圆面积之差会任意小这个意义上,这个圆能被"穷竭"。于是,如果得不到比例,则不难理解每个内接多边形小于圆而每个外切多边形又大于圆之间的矛盾(图 21.23)。

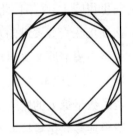

图 21.23

　　第 13 卷,即最后一卷,包含着正多面体的理论,利用第 10 卷中收集的材料,最终证明能用直尺和圆规作出所有正多面体即其边长。这个最后的结果与希腊哲学家对正多面体表现出来的一贯兴趣是一致的。

　　对这些内容作了一般性概述之后,就让我们把注意力集中在欧几里得处理几何基础的那几章。欧几里得的理想目标,显然是从完全预设的一套前提出发对一切几何定理进行逻辑推导。《几何原本》的历史性意义无疑主要在于树立(或传播)了这个理想。但是欧几里得绝没有真正达到他的最高目标。现代科学正是在基本的几何概念上取得了更深刻的知识,而在《几何原本》中却发现了一些模糊不清的地方。不过传统的力量是很大的,所以至今(特别在美国)仍奉欧几里得的理论为说明几何基础的卓绝典范。人们把这部著作的历史价值误以为是绝对的和永恒的价值。由于对欧几里得的《几何原本》存在着这种过高估计的情况,所以很自然,在以下的讨论中我要把重点放在它的反面,放在它不再符合我们需要的那些方面。

在进行这种批评时,欧几里得著作原文是否可靠,是一个特殊的困难。大多数原文经普罗克洛考证属实,而普罗克洛也是最古的考证人。我们所掌握的最古老的手稿都是公元 9 世纪的本子,即比欧几里得晚 1200 年! 此外,这些各种各样的手稿差别很大,而且出入往往正在十分关键的基本部分。拉丁文和阿拉伯文翻译和注释人为了努力澄清原文又出现了许多重大的分歧,形成了一种传统。因此,恢复《几何原本》的真面目,是一个极其复杂的语文考据学的问题,耗费了数量惊人的聪明才智。我们只得迁就这样一个事实:这种考据所得最多只是最接近原文的文字,而不可能是真正的原文。因此,我们从即使最接近原文的许多不同说法中推断出来的东西,绝不可能在一切方面都与实际情况相一致。一般公认,海贝尔考证过的文字代表着现代语文考据学的最高水平,我们这些非考据学家最好是以此立论。当然,我们不能忘记,我们所依据的文字也绝不一定与原文一致。因此,如果我们从《几何原本》中找出了什么缺点和矛盾,那么是否应该归之于欧几里得或系误传,都必须始终持怀疑态度。

现在回到主题上来,我们首先要问第一卷是如何奠定几何基础的。欧几里得在前面提出了 3 组命题,他称之为"定义""假设"和"公共概念",用德文来传达,也许可以用 Erklärungen, Forderungen, Grundsätze 3 个词[①]。对最后一组命题,我们通常按普罗克洛的说法用"公理"这个词,不过现在这个词的含义已扩大到包括公设在内。

为了获得关于定义的内容,让我们回忆一下,我们在前面是怎样开始叙述我们的几何进程的。我们说过,我们不能定义点、线、面之类的东西,但我们必须把它们当作每个人都熟悉的基本概念,我们应当加以精确叙述的,仅仅是它们性质中我们希望利用的那种性质。在这种理解下,直到产生解析几何上的坐标系 (x, y, z) 时,才能进行几何作图。只有在这以后,把 x, y, z 看作是参数 t 的连续函数,我们才能考虑曲线的一般概念。那时我也曾指出,这可能还会包括一般古怪的退化曲线,诸如完全覆盖一个曲面的曲线之类。

欧几里得没有这种小心谨慎或从总体设想的精神。他一开始就"定义"了各种几何概念,如点、线、直线、曲面、平面、角、圆等。第一个"定义"说:"点是没有部分的那种东西。"我们很难承认这是一个真正的定义,因为点绝非仅仅由这个性质决定。接着说:"线是没有宽度的长度。"这种说法甚至是否正确都值得怀疑,如果我们承认前述的曲线的一般概念的话。当然,欧几里得对此是一无所知的。第三个"定义"又说:"一条直线相对于它的点是均匀地排列的线。"这个定义也是完全模糊不清的,可以赋予它各种各样的意义。它可能表示该线处处方向相同,这样的话,就必须承认方向是每个人都熟悉的基本概念。也可以解释为:一条直线如果被理解为一个硬杆,在某种空间运动下,即作为轴绕自身旋转或沿自身平移时,它始终与自身一致。欧几里得的这个"定义"实际上以运动的概念为前提。至于欧几

里得是否有这个意图,则是一个有争议的问题,以后我们回过来再谈。无论如何,总是无法对欧几里得的直线定义以及其他许多在这里不能详谈的定义找到一个毫不含糊的解释。

我们现在转入对公设的讨论。在海贝尔的版本中一共给出了 5 个公设,其中前 3 个要求做到:

(a) 从一点到另一点可作一直线。

(b) 有限的直线可无限地延长。

(c) 可以任一点为中心过一给定点作一圆。

我们暂时把第四个公设放到一边而讨论第五个所谓平行公设:

(d) 若两条直线与第三条直线相交且在第三条直线同一侧所构成的两个同侧内角之和小于直角,则两直线向同一侧适当延长后必相交(图 21.24)。

这些公设叙述了某些作图的可能性或欧几里得以后要用到的某些几何图形的存在性。但是还有相当多的类似的几何存在性公设,虽然也被他用过,却并不能从他已作的公设中逻辑地推导出来。作为一个例子,我要提到两个圆若各通过对方的圆心则必相交这个公设(图 21.25)。很容易列出其他许多类似的公设。因此,我们必须说,欧几里得的公设体系肯定是不完整的。

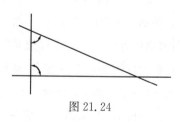

图 21.24

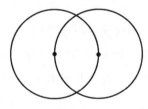

图 21.25

现在让我们来考虑第四个公设。

(e) 所有的直角都相等。

关于这个公设含义何在以及为什么出现在这个地方,一直有很多争论。与此有关的问题是欧几里得是否使用了运动的概念。如果我们前后一致地把刚体图形的运动概念放在开头,像我们在第一种几何发展体系中所做的那样,那么这个公设就是必然的逻辑结果(参考本章第一节),因而是多余的,即使欧几里得并没有这个观点。但在欧几里得的所有这些基本公设中,任何地方都没有明显地提到运动的概念,因此许多注释者假设这个第四公设正是为了引出运动的概念而作,尽管他们都承认这个概念仍不完整。

另一方面,大部分欧几里得评论家认为,欧几里得的本质倾向之一,正是想按照某种哲学考虑(本章第二节开始部分),原则上把运动概念从几何中排除出去,不过那样的话,抽象的全等概念还得放在开头(像我们的第二种发展体系中那样),而这个第四公设就不得不作为全等理论的基础。这就引起一个问题:为什么对于线段的全等没有作类似的说明呢?我们很快可以看出,按照欧几里得体系进一步推导下去,这两个观点都会造成严重的矛盾。

我要指出,欧几里得提出公设时的一般倾向既如上述,则在他的公设中出现这一条公设的原因,就都不能用那两个解释来做出恰当的说明。因此措伊滕提出了另一个有趣的解释,但也没有充分的说服力。他争辩说,该公设想要说明的是:根据公设(b),过一点可延长一条直线,这条直线是唯一的。措伊滕的详细解释可在其所著《古代与中世纪数学史》一书中找到(该书第 123 页及以后各页)。由于始终存在着这个漏洞,因此最后又有一种假设说,这里的原文已被篡改。这个结论确实也一再得出过,无法平息。

现在进而讨论公理。在海贝尔的版本中,公理也是 5 条:

(a) 跟同一件东西相等的一些东西,彼此也相等:若 $a=b, b=c$,则 $a=c$。

(b) 等量加等量,总量仍相等:若 $a=b,c=d$,则 $a+c=b+d$。

(c) 若 $a=b,c=d$,则 $a-c=b-d$。

(d) 两个重合的东西是相等的。

(e) 整体大于部分:$a>a-b$。

上述公理中有 4 个在逻辑上是自然的,在此引入的意图,显然是想说明其所表示的一般关系对于一切几何量(线段、角、面积等)也都成立。而第四个公理宣称,关于等或不等的判定标准最终归于全等或重合。这里是否含有运动的概念,也确实不清楚。

关于公理与公设之间的区别,西蒙曾提出一个看法,认为前者处理最简单的逻辑事实,后者处理空间知觉的事实。如果海贝尔版本中的顺序确定与原文相符的话,那么这个看法是十分切合和透彻的。但在各种不同的手稿中,无论是公设和公理的顺序或者是内容,实际上都存在着重大的差异,如平行公设往往被排为第十二公理,所以和西蒙的这个设想绝对不一致。

现在我们来更仔细地考察一下建立在这些定义、公设和公理上的欧几里得几何结构的开头部分,即紧跟在公理之后的前四节。通过这四节,我们同时也可以对欧几里得的基本观点,特别是对运动概念的态度进行某些有趣的观察。

前三节的目的是解决把一个给定的线段 AB 从点 C 开始放到另一线段 CF 上的问题(图 21.26)。当然,任何人都可以用圆规或一条纸带通过直接转移,即通过平面上刚体的运动来做到这一点。但欧几里得的做法不同,他采用了理论的方法。在他的公设中,他没有假定与圆规的这个自由运动相对应的作图法。根据他的公设(c)(见前述),只有在圆周上已经给定一个点后才允许围绕一点作一个圆。现在他只能利用

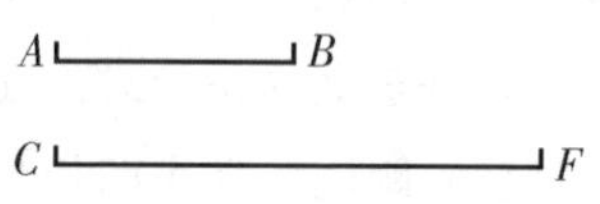

图 21.26

公设提供的可能性,因而必须把这个显然简单的作图分解为许多个比较复杂但十分巧妙的步骤:

1. 在给定线段 AB 上作一个等边三角形。公设(c)允许我们以半径 AB 围绕 A 及以半径 BA 围绕 B 各作一圆(图 21.27)。如上所述,可不作任何解释断定这些圆有一个交点 C。由此用适当的公理得出严格的形式的逻辑证明,证明 ABC 是等边的。

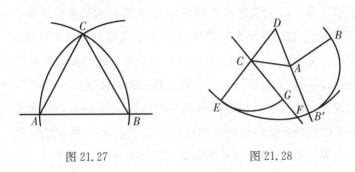

图 21.27　　　　　　　　图 21.28

2. 从给定点 C 作一等于给定线段 AB 的线段(图 21.28)。根据步骤 1,在 AC 上作一等边三角形 ACD。延长 DA(公设(b)),并与围绕 A 的半径为 AB 的圆(公设(c))相交于 B'(对存在此交点之理由仍未作解释)。现在以 DB' 为半径、以 D 为中心作一个圆,并得出它与 DC 延长线的交点为 E。于是 $CE＝AB$,这个显然而见的结果也就得到了详细的证明。

3. 给出两个线段 AB、CF,满足 $CF＞AB$;从点 C 起在 CF 上截一个等于 AB 的线段。根据步骤 2,从点 C 作任一线段 $CE＝AB$,并以 C 为中心、以 CE 为半径,作圆与 CF 交于 G,则 CG 为所求线段。

这就解决了所给出的问题。而到了第四节,欧几里得叙述了第一个三角形全等定理如下:如果两个三角形 ABC 和 $A'B'C'$ 各有两边和夹角对应相等(图 21.29,$AB＝A'B'$,$AC＝A'C'$,$\angle A＝\angle A'$),

则两个三角形的其他部分均相等。在证明此定理时,根据前述作图,
欧几里得犯了一个显然前后不一致的错误,这也是我把全部证明重
新写出的原因。他设想把三角形 $A'B'C'$ 叠在三角形 ABC 上面,使
得边 $A'B'$ 和 $A'C'$ 分别与边 AB 和 AC 重合,而 $\angle A'$ 则重合于 $\angle A$。
现在从所得的结果,我们事实上只学会了怎样把一条线段放在另一
条线段之上,但欧几里得只字未提角如何重叠,更未提在这个转移过
程中第三边 $B'C'$ 会发生什么情况,连它是否仍为一条直线也存有疑
问。直观上,这当然是十分清楚的事,但欧几里得的整个目的是推论
的逻辑完整性。尽管如此,他在这里却并未作进一步解释就得出了
结论说,$B'C'$ 也必转移成一条直线,因而必与 BC 重合。然而这无异
于假设存在不改变几何图形形状与大小的运动,正如第一种几何发
展体系中明确所作的那样。如果作了这个假设,当然就能证明这第
一个全等三角形定理了(见本章第二节开头部分)。

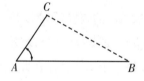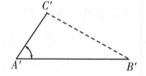

图 21.29

　　因此,欧几里得的这个证明似乎表明他是支持运动的概念的。
问题是:既然如此,为什么在几何基础中只字未提呢? 首先,他对第
二个和第三个命题的巧妙证明就显得漫无目的,因为这个证明可以
利用运动的概念一言以证之。另一方面,如果我们把第四节看作是
后来插入的,那么欧几里得对第一全等定理持何态度问题仍属悬案。
因此在他的体系中仍然存在一个关键的漏洞。没有运动概念是不可
能证明这个定理的,因此必须像在我们的第二个发展体系中所作的

那样,把这个定理放入公理之中(见本章第二节开头部分)。作为本讨论的结论,我们只能说,正是在欧几里得几何第一卷前几个定理中表现出来的许多难以解决的重大矛盾,使我们无法说欧几里得几何已经达到了前述的理想状态。

关于欧几里得对几何基础的表述,还必须提出另一个相反的看法。如果用欧几里得自己的理想来衡量他,同时考虑我们现在的知识,那么上述这些漏洞和模糊不清之处和这个相反意见相比就没有那么重要了。我们采用熟悉的分析语言,但欧几里得对几何量(线段、角、曲面等)从未使用符号,他把这些量都当作绝对量。他在某种意义上处理了解析几何内容,而其中坐标及其他的量都只以绝对值出现。其结果是他不能得出普遍正确的定理,而必须按具体例子来分别加以说明。举个简单的例子,所谓广义毕达哥拉斯定理,其现代表示式为 $c^2=a^2+b^2-2ab\cos\gamma$,一般对锐角或钝角三角形均成立(图 21.30),因为 $\cos\gamma$ 在两种情况下分别取正负值。但欧几里得只知道绝对值 $|\cos\gamma|$,因而必须用两个不同的公式

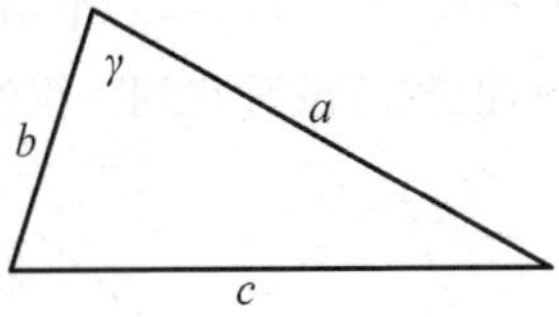

图 21.30

$$c^2=a^2+b^2-2ab|\cos\gamma|\text{ 和 }c^2=a^2+b^2+2ab|\cos\gamma|$$

以区分这两种情况。在进一步深入时,这种区别对待的情况当然会变得更为复杂,表达得不够清楚。

我们所谈到的这种缺陷,当然会在纯几何中表现出来。解析表达式中的符号差异,相当于纯几何中一点 C 是在点 A 与点 B 之间还是在线段 AB 之外的顺序差异。只有明确地表达出这个位置关系方面的基本事实,即所谓介于性公理,像我们在第一种以及第二种几何发展体系中所强调的那样,才能建立一个完整的几何的逻辑结构。

如果我们像欧几里得那样忽略了这一点,我们就不能达到建立一个纯逻辑几何结构的理想。我们必须继续依赖于图形,并讨论这些位置关系。因而我们与欧几里得相反的看法,简而言之,在于他没有介于性公理。

必须真正做出某种关于"介于性"概念的假设这个观点,换言之,必须按照某种约定赋予基本几何量以符号的观点,是一种相对来说新的观点。在本卷一开始(第十章中关于多面体体积部分),当我们讨论这个问题时,我说过,1827 年莫比乌斯在《重心的计算》中首先先后一致地使用符号规则。在这一方面,1832 年 3 月 6 日高斯致 W. 鲍耶(W. Bolyai)的一封信,十分有趣。不过这封信于 1900 年第一次发表在《高斯全集》(第 222 页)中,信中说:"为了完全成功,我们必须把'介于性'之类术语建立在明确的概念基础上,这是完全可行的,但我还没有看到哪里这么做过。"关于这些"介于性公理",第一个

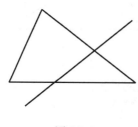

图 21.31

精确的几何表述是 M. 帕施(M. Pasch) 1882 年在《新几何学讲义》(*Vorlesungen über neuere Geometrie*)[1]一书中给出的。这里第一次出现了这样一个典型的定理:若一条直线与一个三角形的一边相交,则也与其他两边之一相交(图 21.31)。附带说一下,我们在谈第一种几何发展体系中也用过这个定理(见本章第一节)。

这些介于性公理的重要性不可低估。如果我们希望把几何学发展成一门在选择了公理之后不必求助于直觉和图形来推导其结论的真正逻辑性的科学,那么就应该把它们看作和其他公理一样重要。

---

① M. 帕施,莱比锡,1882 年(1912 年第二版)。

当然,直觉和图形是有启发性的,永远是研究中必要的助手。欧几里得由于没有这类介于性公理,始终不得不借助于图形来考虑不同的情况。他把正确的几何作图放到很不重要的地位,所以学习欧几里得几何的学生可能会发生因错误作图而得出错误结论的真正危险。大量的所谓几何诡辩就是这样产生的。诡辩定理都有形式上正确的证明,但都基于错误的几何作图,即与介于性公理相矛盾。我提出这样一个诡辩作为例子,你们当中某些人一定也知道,即"证"每个三角形是等腰的。

作角 A 的角平分线并在边 BC 的中点 D 作垂线。如果两线相平行,则角平分线也就是高,此三角形显然是等腰的。于是我们设它们相交,且按其交点 O 在三角形里面或外面分成两种情况。在每种情况下,都作 OE 与 OF 分别垂直于 AC 与 AB,连接 OB 与 OC。

在第一种情况下(图 21.32),画了水平线条的三角形 AOE 与 AOF 全等,因为 AO 是公共边,在 A 处的角相等,且都有直角,因此 $AF=AE$。类似地,带垂直线条的三角形 OCD 与 OBD 是全等的,因为 OD 是公共边,$DB=DC$,对应直角相等,于是 $OB=OC$。由第一

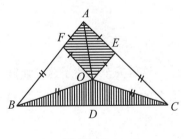

图 21.32

个全等性可得 $OE=OF$,从而可推知不带线条的两三角形 OEC 与 OFB 是全等的,因此有 $FB=EC$,将此加于前面方程中,即得 $AB=AC$。

对于 O 位于三角形外的第二种情况(图 21.33),我们用同一种方法指出三对对应的三角形全等,从而求得 $AF=AE$,$FB=EC$,相减后仍得 $AB=AC$,如图所示,从而证明了任何三角形都是等腰的。

　　这个证明中的唯一错误在于作图,在第一种情况下,O根本不会在三角形以内,而在第二种情况下,其位置根本不会如图 21.33 所示。两个垂足 E 和 F 中,一个必在其边内而另一则必在其边外,如图 21.34 所示。于是,实际上我们有

$$AB=AF-BF,AC=AE+CE=AF+BF,$$

从而绝不能推出两边相等。

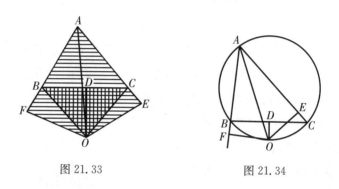

图 21.33　　　　　　　　　图 21.34

　　这就完全澄清了这个诡辩。我们也能以同类方法对付其他许多有名的假证明。诡辩的手段总是依赖于错误的图形,歪曲了点和线的顺序。

　　在批判了欧几里得体系中某些本质缺陷之后,我想指出它的一个最妙的地方,也是他的热心支持者们通常像对他的错误一样视而不见之处。我在前面指出过,在欧几里得《几何原本》第 5 卷中,任何两个几何量 a 与 b 之比,都被认为是一般数量概念的等价物。欧几里得在此明白地规定,只有在某种条件下,即可以找到两个整数 m 与 n,使得 $ma>b,a<nb$ 时,才考虑两个同类几何量 a 与 b 之比。他的话是:不同的量只有在其倍数能彼此超过时才有一个比。这个条件现在称为阿基米德公理,但这个名称是与历史完全不符的,因为欧

几里得在阿基米德之前就得出了这个公理,而且欧多克索斯也许早已了解了。今天,欧多克索斯公理这个名称越来越流行了。

这个阿基米德公理作为最重要的连续性公设之一,在现代几何基础研究以及算术基础研究中起着极大的作用,我们在这些讲座中已一再提到它。你们会特别注意到,我们在第一种几何发展体系中所用的"从点 A 出发经过平移而重复的点最终将包括一条射线的每个点"的公设(本章第一节),实质上与阿基米德公理相同。我们在第一卷"无穷小演算中的一般考虑"中也详细讨论过这个公理。于是我们称在任意有限倍数 n 之后仍然永远小于 b 的量 a 为相对于 b 的真正无穷小量,或相反,称 b 为相对于 a 的真正无穷大量。因此,欧几里得实际上用他的规定排除了包含真正无穷小元素或无穷大元素的几何量系统。事实上,如果我们希望发展比例理论,就必须排除这类系统,因为正如我们已经强调过的,比例理论只不过是现代无理数理论的另一种形式。因此,欧几里得(或事实上在他之前的欧多克索斯)在这里所做的,本质上就是现代数的概念的研究,而且他使用了完全相同的工具,这正是欧几里得几何中最令人注目的部分。

现在我们来讨论另一个公理,由于这个公理在古代和中世纪时已众所周知,并已进行过大量的讨论,所以它特别有趣。如果我们考察一下不满足它的一个具体的几何量系统,我们就能充分领会它的重要性。我指的是所谓号形角,即按某种一般方法考虑的两条曲线之间的角。今天,当我们谈到角时,想到的总是两直线之间的角,而将两曲线之间的角理解为它们切线之间的角(图 21.35)。于是一条曲线,例如一个圆,与其切线之间的角总是零。这样,所有角形成普通的阿基米德几何量系统,我们可以对它应用欧几里得的比率理论,换言之,可以用简单的实数来度量。

与此相反,我们把两曲线间的号形角定义为在交点邻近由曲线

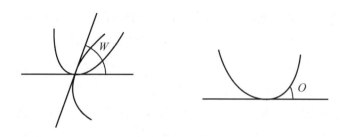

图 21.35

所包围的平面的部分(图 21.36)。我们将看到这个定义如何引起非阿基米德量的概念,即不满足那个公理的概念。我们在此只限于角的一边是一条固定直线(x 轴),顶点为原点 O,另一边是与 x 轴相交或相切于点 O 的圆(在需要时也可以是一条直线)(图 21.37)。于是,当我们向点 O 逼近时,如果一个角的自由边最终位于另一个角的自由边的下边,即前者最终包围之平面部分小于后者,则自然称前者号形角小于后者。因此,切圆的角总是小于交圆或斜直线的角。两个切圆中,半径大者的交角较小,因为它在半径小的圆的下面通过。显然,这些规定决定了任意两个号形角谁大谁小,因而所有号形角的总体就像我们今天点集理论中所说的,与普通实数总体一样是单序的。

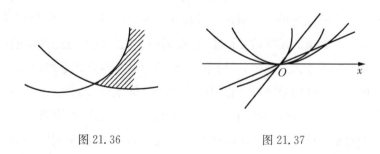

图 21.36　　　　　　　　图 21.37

为了判断这两种集合的区别,我们必须对号形角的测度作进一步的规定。我们首先用普通角单位来度量过点 O 的直线（与 x 轴）的交角。根据定义，每个由与 x 轴相切的圆所构成的角小于由两直线相交的任意角，但不论多么小，它们都异于零。这种情况在普通数连续统中，对一个异于零的数 a 是不可能的，所以我们的 a 是"真正无穷小量"。

为了把这件事同阿基米德公理联系起来，我们必须对这些曲线角与整数之积给出定义。如果我们有一个半径为 R 的圆切于点 O，则规定半径为 $\dfrac{R}{n}$ 的切圆构成前者角的 n 倍角应该是自然的。就半径为 $R, \dfrac{R}{2}, \dfrac{R}{3}, \cdots$ 的切圆的角越来越大而论，这是符合前面的定义的。因此，一个切圆的角 a 乘以任意整数得出另一个切圆的角，按我们的定义，任何倍数 na，不论 n 怎样大，必须小于一个固定相交直线所成的角 b（图 21.38），因此，阿基米德公理不被满足，且切圆角相对于相交直线角必须被看作真正的无穷小。至于两个这种角的一般加法，根据已建立的整数乘法的定义，可将半径倒数相加进行，最终也可以作为真正无穷小角的度量。

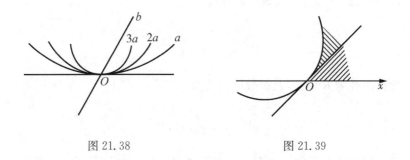

图 21.38   图 21.39

如果我们现在有一个通过点 O 的任意圆（图 21.39），我们可以将它的角当作它的切线与 x 轴的夹角（按通常意义度量）及它与其切线之间的按上面定义的真正无穷小角之和。如果我们对这些分离的被加量运用加法和乘法,我们就对这些号形角的运算建立了一个完整的方法。但在这个范围内,阿基米德公理不成立,因而不能应用普通实数。我们可假定欧几里得(及欧多克索斯)已知此事,而用他的公理把这种几何量系统有意排除出去。

利用现代方法,我们可以将这些号形角的范围推广,使定义变得更广泛而又简单。我们只要考虑所有过 O 的解析曲线,任何这种曲线将由幂级数 $y_1 = \alpha_1 x + \beta_1 x^2 + \gamma_1 x^3 + \cdots, y_2 = \alpha_2 x + \beta_2 x^2 + \gamma_2 x^3 + \cdots$ 给出。我们将按 $\alpha_1 > \alpha_2$ 或 $\alpha_1 < \alpha_2$ 而说曲线 1 与 x 轴的角大于或小于曲线 2 与 x 轴的角。如果 $\alpha_1 = \alpha_2$,则相对大小依赖于不等式 $\beta_1 \gtrless \beta_2$;如果 $\beta_1 = \beta_2$,则用不等式 $\gamma_1 \gtrless \gamma_2$ 来决定,等等。显然,用这种方法,可把所有解析曲线的这种角编成一个确定的单序序列,而圆被包含在上面对它们确定的顺序之中。

为了得到曲线 1 与 x 轴的角的 n 倍,我们可简单地令其等于乘幂级数以 n 倍而得到的曲线 $n \cdot y = n\alpha_1 x + n\beta_1 x^2 + \cdots$ 与 x 轴的角。在前面,为了不脱离圆的范围,我们不得不应用一种较复杂的运算,即以半径为 $\dfrac{R}{n}$ 的圆,其级数展开式为

$$y = n \frac{x^2}{2R} + n^3 \frac{x^4}{8R^3} + \cdots$$

变换半径为 R 的圆,其级数展开式为

$$y = \frac{x^2}{2R} + \frac{x^4}{8R^3} + \cdots$$

前一展开式只有第一项是后一展开式的 n 倍。但是采用这个新的、较简单的定义,我们也会得到一个非阿基米德几何量系统。一个展开式从 $x^2(\alpha_2 = 0)$ 开始的曲线,在乘以任意大数 n 倍后,仍然比一个

$\alpha_1 \neq 0$ 的曲线产生的角小。这里我们用一个比较清楚的表达方式，实质上重复了第一卷中的内容[①]。在幂级数 $y = \alpha x + \beta x^2 + \gamma x^3 + \cdots$ 中，按这里的解释，逐次幂 $x, x^2, x^3, \cdots$ 简单地起着不同的、逐级增加阶数的无穷小量的作用。

有趣的是，我们可以通过增加某些非解析曲线更加压缩号形角的序列。但为了能对大小作比较，曲线不能无限摆动，或更精确地说，不能和一个解析曲线相交无穷多次。我只要提出曲线 $y = e^{-\frac{1}{x^2}}$ 作为例子就够了。这条曲线具有在 $x = 0$ 处所有导数为 0 的性质，故不能在该处展成幂级数。显然，它最终会在所有解析曲线下通过。尽管我们在前面已有了一个压缩的号形角序列，但我们现在有一个新的号形角，它和它的有限倍数均小于任意解析曲线和 x 轴所成的角。

我们将在此结束这些讨论及对欧几里得的全部研究。在结束的时候，我要用几句话来总结一下我们经过上述思考分析而得出的对欧几里得《几何原本》的看法。

1. 欧几里得《几何原本》的伟大历史意义在于把逻辑上前后一致的几何学发展体系的范例传于后世。

2. 至于其具体实施情况，有许多做得很好的地方，但也有其他许多地方肯定低于我们今天的科学要求。

3. 由于原文不确定，因此许多重要的细节，特别是在第一本开头部分，仍令人怀疑。

4. 由于欧几里得手头没有演算工具，其整个体系往往显得不必要的赘冗。

5. 片面强调逻辑过程，使对全书整体及其各本质联系的理解产生了困难。

[①]　见第一卷第九章 9.1，其中不同阶的量称为 $\eta, \zeta, \cdots$。

　　我想回忆一下我们在不同地方已经指出的两种概念体系,进一步阐明我们对几何发展的态度。

　　第一是我们可以按照完全不同的体系来发展几何。其中两个体系,我们已经作了仔细的讨论。一个是从运动群,特别是从平移群出发,另一个是从全等公理出发,把平行公理推到很后的地方。这种并列的情况,使我们在确定几何的公理基础时所拥有的自由显得特别重要。我想再次特别强调这个情况,因为经常听到一些不能容忍的说法,作者偏爱某个概念,就把这个概念说成是绝对最简单的、最适合于确定几何的基础,别的概念都不行。事实上,所有基本几何概念与公理的源泉是我们的朴素的几何直觉。我们根据这种直觉选出素材,经过适当的理想化后,把它作为逻辑处理的基础。但对于该做什么选择,并没有绝对的准则。这里所存在的自由只受到一个限制,即要求公理系统满足几何体系前后一贯的需要。

　　第二是关于我们对于解析几何的态度,以及我们对欧几里得时代以来某些传统的批评。这些传统早就不符合数学科学的现状,因而必须在中学教学中放弃。在欧几里得时代,几何学由于其公理的缘故而成为一般算术(也包括无理数的算术)的严格基础。直到 19 世纪,算术还保持着从属于几何的地位,但以后发生了变化。今天的算术,作为一门真正的基础学科,已取得统治地位。在科学几何学的体系中,必须考虑这个事实。也就是说,几何学应从算术研究结果的基础上出发。我们的体系中对解析几何所采取的态度,以及在几何处理中系统地应用分析工具等事实,都表明我们赞成上述主张。

　　纯几何理论的讨论到此就结束了,希望已经把整个几何领域作了所要求的介绍,没有脱离中学教学的需要。

读者联谊表

（电子文档备索）

姓名：　　　　年龄：　　　　　性别：　　宗教：　　党派：

学历：　　　　专业：　　　　　职业：　　　　所在地：

邮箱＿＿＿＿＿＿＿＿＿＿手机＿＿＿＿＿＿QQ＿＿＿＿＿

所购书名：＿＿＿＿＿＿＿＿＿在哪家店购买：＿＿＿＿＿＿

本书内容：满意　一般　不满意　本书美观：满意　一般　不满意

价格：贵　不贵　阅读体验：较好　一般　不好

有哪些差错：

有哪些需要改进之处：

建议我们出版哪类书籍：

平时购书途径：实体店　网店　其他（请具体写明）

每年大约购书金额：　　藏书量：　　每月阅读多少小时：

您对纸质书与电子书的区别及前景的认识：

是否愿意从事编校或翻译工作：　　　愿意专职还是兼职：

是否愿意与启蒙编译所交流：　　　是否愿意撰写书评：

如愿意合作，请将详细自我介绍发邮箱，一周无回复请不要再等待。

读者联谊表填写后电邮给我们，可六五折购书，快递费自理。

本表不作其他用途，涉及隐私处可简可略。

电子邮箱：qmbys@qq.com　　联系人：齐蒙

启蒙编译所简介

　　启蒙编译所是一家从事人文学术书籍的翻译、编校与策划的专业出版服务机构，前身是由著名学术编辑、资深出版人创办的彼岸学术出版工作室。拥有一支功底扎实、作风严谨、训练有素的翻译与编校队伍，出品了许多高水准的学术文化读物，打造了启蒙文库、企业家文库等品牌，受到读者好评。启蒙编译所与北京、上海、台北及欧美一流出版社和版权机构建立了长期、深度的合作关系。经过全体同仁艰辛的努力，启蒙编译所取得了长足的进步，得到了社会各界的肯定，荣获凤凰网、新京报、经济观察报等媒体授予的十大好书、致敬译者、年度出版人等荣誉，初步确立了人文学术出版的品牌形象。

　　启蒙编译所期待各界读者的批评指导意见；期待诸位以各种方式在翻译、编校等方面支持我们的工作；期待有志于学术翻译与编辑工作的年轻人加入我们的事业。

　　联系邮箱：qmbys@qq.com

　　豆瓣小站：https://site.douban.com/246051/